国防科技战略先导计划

★★★ "十三五" ★★★
国家重点出版物出版规划项目

丛书主编 李业惠

颠覆性军事技术
DISRUPTIVE MILITARY TECHNOLOGY
ARTIFICIAL INTELLIGENCE

人工智能

李睿深 石晓军 郝英好 编著

图书在版编目(CIP)数据

人工智能/李睿深,石晓军,郝英好著. —北京：国防工业出版社,2024.12 重印
（颠覆性军事技术丛书）
ISBN 978 – 7 – 118 – 12454 – 5

Ⅰ. ①人… Ⅱ. ①李…②石…③郝… Ⅲ. ①人工智能—军事应用 Ⅳ. ①E919

中国版本图书馆 CIP 数据核字(2021)第 233983 号

出版：国防工业出版社（北京市海淀区紫竹院南路 23 号　邮政编码 100048）
印刷：雅迪云印（天津）科技有限公司
经销：新华书店
开本：710×1000　1/16
印张：18 3/4
字数：305 千字
版次：2024 年 12 月第 1 版第 4 次印刷
印数：18001—21000 册
定价：98.00 元

（本书如有印装错误，我社负责调换）
国防书店：(010) 88540777　书店传真：(010) 88540776
发行业务：(010) 88540717　发行传真：(010) 88540762

丛书序

党的十九大报告深刻指出，要推进科技强国建设，突出关键共性技术、前沿引领技术、现代工程技术、颠覆性技术创新。学习贯彻党的十九大精神，需要我们的科技工作者瞄准世界科技前沿，积极探索，谋求前瞻性、引领性原创科技成果重大突破。而颠覆性技术领域的创新发展即是取得这一突破的关键。

"颠覆性技术"（Disruptive Technology）一词最早出现在哈佛大学克莱顿·克里斯滕森教授1995年撰写的《颠覆性技术的机遇浪潮》一文中。虽然"颠覆性技术"和"颠覆性创新"最初是从商业角度提出的，但一经提出就受到了各国的广泛关注。当前，颠覆性技术创新已上升为很多国家的顶层科技战略。

颠覆性技术的发展是有脉络可循的：一是创新材料，创造出自然界中不存在的材料或结构，实现性能的提升，如超材料、高含能材料等；二是实现新制造，利用新的制造方法或模式提升性能或降低成本或缩短周期，如3D／4D打印、智能制造等；三是利用新空间，利用人类此前未利用过的空间，如借助高超声速技术实现对临近空间的利用；四是物化新原理，验证新发现的科学原理的实用价值，如定向能武器技术、量子信息技术等；五是争取新解放，实现工具使用方式的根本变化，如通过人与工具融合强化自我的人效增强技术、使人类进一步解放自我的脑科学。

颠覆性技术和多项既有技术交叉融合衍生的产品，如智能电子设备、无人飞行器等已逐渐走入并改变了我们的工作和生活，在民用领域大放异彩。而在军事领域，颠覆性技术因对武器装备、作战概念乃至战争形态的深远影响，受到了世界各国的特殊关注，正在成为世界主要国家推动军事变革的重要引擎。当前，对"颠覆性军事技术"的研究和探索已成为热点。

颠覆性军事技术通过颠覆原有的技术途径，进而颠覆既有的攻防手段、直至颠覆传统的作战样式。历史已经证明，"胜利总是向那些预见战争特性变化的人微笑"，面向未来，我们唯有积极向前，力争抢占颠覆性技术发展先机，才有可能赢得和平。而让更多人了解，进而掌握、运用颠覆性军事技术，对加速颠覆性技术驱动的军事创新，赢取未来作战"制高点"至关重要。

为了给部队官兵和国防科技人员提供一个系统了解颠覆性军事技术发展的途径，在军委科技委战略先导计划的支持下，丛书编委会就丛书整体设计在广泛调研和论证的基础上，开展大量工作，最终确定将人工智能、智能制造、超高能高效毁伤技术等典型颠覆性军事技术的相关内容汇集成册，并周全遴选作者人选。丛书编写队伍在充分理解编委会意图的前提下，依托丰富的研究成果、深厚的素材积累，运用通俗的语言，全面展现技术的概念、原理及其在军事应用上的新思想、新方法，最终呈现了这套知识性、可读性俱佳的精品。

希望"颠覆性军事技术丛书"能够给关注国防科技创新发展，尤其是颠覆性技术军事应用的部队官兵和一线国防科技人员提供一个好的入口和起点。

"颠覆性军事技术丛书"
编审委员会

主 任 委 员：杨绍卿

副主任委员：许西安

委　　　员：（以姓氏笔画为序）

　　　　　　马　林　　卢新来　　刘景利

　　　　　　许玉明　　欧阳黎明　赵　岩

　　　　　　耿国桐　　郭国祯

"颠覆性军事技术丛书"

编辑委员会

主　编：李业惠

副主编：许西安　郑　斌

编　委：（以姓氏笔画为序）

　　　　于　洋　叶　蕾　邢晨光

　　　　李　静　李贵元　李睿深

　　　　陈宇杰　陈敬一　欧阳黎明

　　　　周　勇　郭瑞萍　黄　锋

　　　　彭翠枝　韩　锋

秘　书：刘　翾　王　鑫　陈永新

　　　　崔艳阳　高　蕊

《人工智能》编写组

李睿深　石晓军　郝英好

《人工智能》审稿专家（以姓氏笔画为序）

刘晓非　张　洋　张洪海

赵云祎　赵英海　戴　斌

前言：从未科幻

今天，只要你翻开某本书，看到类似下面这样的描述，基本上就可以断定它是讲人工智能的：20××年，一个月黑风高的晚上，汤姆正在疾驰的自动驾驶汽车中独自看着心爱的电影，忽然，天空中出现了一群无人机……

在长久的沉寂之后，人工智能仿佛一夜之间从未来穿越到现在，在普罗大众面前展现出各种各样、光怪陆离的奇特景象，有的如天堂梦境般美好，有的如地狱末日般恐怖，但理性而中肯的分析却少之又少，特别是一谈到军事智能，仿佛就来到了说不清道不明的科幻世界。

事实上，人工智能从来都不是关于未来的技术，它研究的问题几乎是人类有史以来最古老的问题：思维是什么？如何模拟或者再现它？尽管"人工智能"（artificial intelligence）这个名词出现于20世纪中期，但它所指代的问题却历史悠久，以至于可以和战争相提并论。

当智能和军事这两个最古老的问题，以"颠覆性技术"的全新面貌相遇，我们该如何理解甚至解答？本书就是这样一次尝试，或可称之为冒险。本书试图通过回答以下几个问题，来和读者共同探讨人工智能在军事上的应用：

▶ 首先，人工智能的发展会催生哪些军事应用？
▶ 其次，战争的发展需要什么样的人工智能？
▶ 最后也最关键的，人工智能对战争会产生何种影响？

在人工智能技术尚在高速发展变化的今天，试图对这些复杂问题提供令人信服的阐释，注定会是充满挑战的。比如关于人工智能的第三次浪潮，有人认为方兴未艾，有人认为行将没落……如何在尽可能展现全貌的情况下又不失自己独立的思考，始终困扰着笔者。本书得以完成，全赖三个关键因素：

第一个因素是人工智能技术的高速发展和社会影响与日俱增。每天清晨醒来，我们都能看到听到大量关于人工智能的新信息，既有革命性的信号，也有令人惶恐的消息，既有积极的探索，也有悲观的预期。作为试图理性写作的笔者而言，自然无法对这些潮水般的信息视而不见，否则不出三天就和技术发展脱节了；但又不能沉溺其中，否则会在潮水般的信息中丧失自己的初心。所幸李业惠老师和出版社同志给予笔者极大的帮助，他们使本书的写作成为了一项研究，在一次次的专家研讨中，笔者对于军事智能的认识不断加深，本书的脉络和框架也逐步清晰，从技术本质和军事本质出发的叙事基点得以确认。笔者在此必须表达由衷的感谢。

第二个因素是自身的工作经历。任何人都不可能客观地书写自己所在的时代，不为别的，仅仅因为自己身处其中。笔者不是从事科技开发工作的技术专家，也不是饱经战阵的军事专家，这既给了笔者抽身事外进行观察和评论的视角，同时也使得本书的叙述与事实之间多了一层"迷雾"，于是笔者格外谨慎，将论述限定于技术体系和军事体系的结合部，这提供了一种抽身于技术和军事专业之外，但又能一窥其奥秘的独特叙述空间。

为此，本书尝试通过思维试验式的论述，以10个"推论"的方式，构建对军事智能这一复杂性问题的思考逻辑和认识框架。这些"推论"来自多年来并肩奋斗的诸位青年才俊：安达、王武军、李路、白倩倩、饶玉柱、张权、商志刚、计宏亮、赵楠、涂政……当然他们的才学远在本书所述之上，本书的谬误之处皆由笔者负责。

第三个因素是与国际同行的交流。感谢清华大学战略与安全研究中心主任傅莹女士为笔者提供与国际同行交流的宝贵机会。傅莹女士作为学者的博学和严谨、作为外交家的胸怀和对人类命运的深深关切，不但令笔者折服，也令各国学者赞叹。而在笔者与各国学者的交流中，深深感到对于人工智能的安全挑战特别是其军事应用的担忧，已经超越了国别和文化差异，全球思想界唯有倍加努力才能应对这个全人类共同的挑战；另一方面，学者之间的分歧也是非常明显的，其中既有对技术本身的认知分歧，也有对社会文化问题的不同立场，二者交织在一起，使得相互之间的理性对话成为一种困难而重要的任务。为此本书从一个更为基础也更为普遍的问题——"人与机器关系"入手，试图借此尽可能多地展现不同立场的学者见解，当然由于笔者的见识和能力所限，只能反映大千世界万种见解之一二。

本书重点技术内容

对上述问题的思考和辩论贯穿全书。本书第 1 章重点叙述人工智能技术的发展历史、基本概念和主要流派；第 2 章从战争的角度，探讨军事智能的概念和发展要件，以及对战争理论的可能影响；第 3 至 5 章是本书的重点，分别从感知、指挥决策和行动三个维度，探讨人工智能技术在军事上的具体应用；最后一章简要分析军备控制的有关问题。

本书是在马林院长的亲切指导和关怀下完成的，他的谆谆教导和无私帮助是本书得以顺利完成的前提。还有那些无法在此一一列出姓名的专家和领导，他们对本书的帮助和贡献是无法用言语表达的；最后必须感谢我们的家人们，他们的支持和笑容，是我们最大的动力与褒奖。

李睿深
2021 年冬于北京

目　录

第 1 章　揭秘人工智能　　001

> 在我的一生中，我见证了社会深刻的变化。其中最深刻的，同时也是对人类影响与日俱增的变化，是人工智能的崛起。
>
> —— 霍金

1.1　智能可否人工　　003
  源起双雄　　003
  名定达特茅斯　　007
  智能的强度　　012
  三大主义　　014

1.2　潮起潮落　　017
  再来一局　　017
  学习的深度　　020
  食材和电源　　024
  四座大山　　027

1.3　全球竞智　　030
  霸主美国　　032
  俄罗斯　　033
  英国　　035
  欧盟崛起　　037
  亚洲诸强　　044
  中国道路　　049

有声书

1.4　小结　　053

第 2 章　军事智能　　　057

> 一旦技术上的进步可以用于军事目的并已经用于军事目的，它们便立刻几乎强制地，而且往往是违反指挥官的意志而引发作战方式上的改变甚至变革。
>
> —— 恩格斯

2.1　战争的智慧　　　059
　　人类为何而战　　　059
　　变革还是革命　　　063
　　开弓没有回头箭　　　065

2.2　智能化战争　　　069
　　制权何在　　　071
　　人机共生　　　073
　　跨域联动　　　075

2.3　军事智能技术　　　077
　　军民有别　　　077
　　三条道路智能化　　　080
　　死亡圣器　　　084

2.4　小结　　　091

第 3 章　智能感知　　　097

> 知己知彼，百战不殆；知己不知彼，一胜一败；不知己不知彼，每战必败。
>
> ——《孙子兵法》

3.1　通感之谜　　　099
　　天舞宝轮　　　099
　　灰尘知道一切　　　102

	机器之眼	107
	网络拥兵亿万	110

3.2 感同身受   **115**
    察言观色   115
    以文会友   118
    边缘最快   121

3.3 欲得智慧，必集大成   **125**
    古老的新手段   125
    全维全知   129
    红色警报   132

3.4 小结   **136**

第 4 章　智能指挥决策　139

> 战场上永远充满着混乱。谁能在这片混乱之中控制好自己，掌握住敌人，谁就是胜利者。
>
> —— 拿破仑·波拿巴

4.1 战争交响曲   **141**
    艺术与技术   142
    极简指挥史   144
    谁说了算   146
    机器卧龙   150
    互联互通互操作   154

4.2 艺术的技术   **158**
    OODA 没有环   158
    运筹不在帷幄   165
    未来技艺 (A)   168

4.3 技术的艺术   **172**

　　　　多智能体协同　　　　　172
　　　　乌合之众　　　　　　176
　　　　未来技艺 (B)　　　　179

4.4　小结　　　　　　　　　　**181**

第 5 章　智能行动　　　　**183**

> 战争只有一个法则，那就是在敌人不留意的时候用你最快的速度和最猛烈的力量，在敌人最容易受伤的地点猛烈打击他。
>
> —— 菲尔德·玛莎·威廉姆斯·利姆

5.1　战争在进化　　　　　　　**185**
　　　　从万乘之国到机器人军团　185
　　　　牛刀小试阿勒颇　　　　189
　　　　以地狱之名　　　　　　193
　　　　2050 地面行动　　　　　198

5.2　马汉已死　　　　　　　　**200**
　　　　威力的方程式　　　　　200
　　　　散开！散开！　　　　　203
　　　　机器制霸海洋　　　　　206
　　　　2050 海上行动　　　　　209

5.3　人永远长不出翅膀　　　　**213**
　　　　天空是谁的　　　　　　213
　　　　忠诚的机器　　　　　　218
　　　　蜂拥而胜　　　　　　　222
　　　　2050 空中行动　　　　　225

5.4　成也赛博败也赛博　　　　**228**
　　　　方兴未艾网络战　　　　228
　　　　山崩地裂工控网　　　　234
　　　　电磁频谱在燃烧　　　　240

指鹿为马反智能　　　244
　　　心理操纵最难防　　　246

5.5　小结　　　250

待续之章　天使与恶魔　253

> 为了有效的救赎，人类将需要经历一场类似自发的宗教皈依的过程：替换掉机械世界图景，将现在给予机器和电脑的优先地位赋予人，而后者正是生命的最高展现。
>
> —— 刘易斯·芒福德

X.1　恐惧之源　　　255

X.2　军控之路　　　261

X.3　规制之难　　　267

X.4　治理之道　　　271

附录 1　推论索引　　　277

附录 2　主要技术概念　　　278

第 1 章
揭秘人工智能

在我的一生中，我见证了社会深刻的变化。其中最深刻的，同时也是对人类影响与日俱增的变化，是人工智能的崛起。

—— 霍金

1.1 智能可否人工

这不过是将来之事的前奏，
也是将来之事的影子。

—— 阿兰·麦席森·图灵

源起双雄

科学史和哲学史上，有一些司空见惯的概念始终无法得到准确的定义，比如即便是在科学高度昌明的今天，科学家们仍然对到底什么是"思考"、什么是"智能"众说纷纭。但早在20世纪中叶，就有两位科学家对此给出了精彩绝伦的回答，至今无出其右者。他们就是阿兰·麦席森·图灵和冯·诺伊曼。

1950年，图灵在其论文中讨论了"机器能否拥有智能"的问题，并提出测试机器是否具备思维能力的方法，即历史上著名的图灵测试（Turing test）。图灵测试巧妙地回避了理论上的分析和判断，试图从行为表现上去判断机器是否具有人类的思维。因为，要分辨一个想法是"自创"的思想还是精心设计的"模仿"是极其困难的，任何自创思想的证据都可以被否决，所以图灵提出一个虽然主观但可操作的标准：如果一台机器的表现（act）、

反应（react）和互相作用（interact）都和有意识的个体一样，那么它就应该被认为是有意识的。由此他提出一个假想：

一个人在不接触对方的情况下，通过一种特殊的方式，和对方进行一系列的问答，如果在相当长时间内，他无法根据这些问题判断对方是人还是机器，那么，就可以认为这台机器具有同人相当的智力，即这台机器是能思维的。

图灵测试的核心想法，是要求机器在与人没有直接

知识链接：

阿兰·麦席森·图灵

英国数学家、逻辑学家，被视为计算机科学之父、人工智能之父。他1912年生于伦敦，1931年进入剑桥大学国王学院，毕业后到美国普林斯顿大学攻读博士学位。1954年逝于曼彻斯特。在40多年的短暂生命里为人类做出重大贡献。

1936年，图灵向伦敦权威的数学杂志投一篇论文，题为《论数字计算在决断难题中的应用》。在这篇开创性的论文中，图灵给"可计算性"下了一个严格的数学定义，并提出著名的"图灵机"（Turing machine）的设想。"图灵机"不是一种具体的机器，而是一种思想模型，利用此模型可制造一种十分简单但运算能力极强的计算装置，用来计算所有能想象得到的可计算函数。"图灵机"与"冯·诺伊曼机"齐名，被永远载入计算机的发展史中。

1950年10月，图灵在哲学杂志 Mind 上发表论文《计算机与智能》，提出了著名的图灵测试，成为划时代之作。也正是这篇文章，为图灵赢得了"人工智能之父"的桂冠。

2019年7月，英国政府宣布，图灵将成为新版50英镑的票面人物，以表达对其的纪念。2021年6月23日开始流通。

阿兰·麦席森·图灵

物理接触的情况下接受人类的询问，并尽可能把自己伪装成人类。如果"足够多"的询问者在"足够长"的时间里无法以"足够高"的正确率辨别被询问者是机器还是人类，我们就认为这个机器通过了测试。

图灵把他设计的测试看作人工智能的一个充分条件，认为通过图灵测试的机器应该被看作是拥有智能的。图灵还进一步预测，到2000年，人类应该可以用10GB的计算机设备，制造出可以在5分钟的问答中骗过30%成年人的人工智能。

自图灵测试提出以来，每一次试图通过测试的挑战都会成为热点事件。1991年的一次图灵测试中，机器人程序PCTherapist成功欺骗了10名裁判中的5名；2011年聊天机器人Cleverbot在测试中欺骗了59.3%的裁判；2014年一个俄罗斯团队开发的智能聊天软件，在图灵测试中成功骗过了30名人类参与者中的10名。人们期待随着人工智能技术的进步，未来很可能出现通过图灵测试无法分辨的机器人。当然也有许多专家认为图灵测试已经不能检测现代的人工智能了。比如纽约大学的Gary Marcus教授便认为现代的"图灵测试"应该是：让人工智能看一段视频，然后就视频中的内容对它进行询问，如果它让所有人都觉得它是真人，便算通过了。

图灵的光芒如此耀眼，图灵测试的影响如此深远，以致人们渐渐淡忘了他在学术界的威望早在"图灵测试"提出之前就已经奠定了，而且他那时的成就是与战争高度相关的！这就是他在二战期间发明的用于破译德军"英格玛密码"的计算机——"炸弹"，西方媒体对此事的公认评价是："这项发明让第二次世界大战至少提前两年结束。"

图灵研制"炸弹"的外在动力来自战争中破译敌方密码的强烈需求,而内在原因则是源于人类计算能力的局限性,即使数以千计的数学家连续工作上百年,也无法破译"英格玛密码",于是他想到了用机器自动计算的方法,"炸弹"计算机最终实现破译密码的速度,远远超过人类计算能力的极限。

史上另一个应该被铭记的人工智能先驱和图灵类似,也是在战争中绽放光彩的天才科学家——冯·诺伊曼(1903-1957)。

> **知识链接:**
>
> **冯·诺伊曼**
>
> 作为20世纪最伟大的数学家之一,冯·诺伊曼是以"神童"的身份为人所知的,他8岁就已经掌握微积分,高中毕业就熟练运用7门语言。在学术生涯的黄金时期,冯·诺伊曼是美国军方著名智库兰德公司的顾问,当时兰德公司内部最流行的三项挑战,第一就是在"兵棋推演"游戏中击败冯·诺伊曼,这是一项从没有人能够实现的目标;第二是出一道连冯·诺伊曼都回答不了的问题,这个有人做到了,就是博弈论上著名的"囚徒困境"问题;第三是观察并学习冯·诺伊曼如何思考问题的方式,这个几乎全兰德公司的研究员都做得很好[1]。

冯·诺伊曼

冯·诺伊曼是曼哈顿工程的中坚力量,他为美国军方贡献的智慧难以估量,对全人类的贡献也堪称传奇,我们今天使用的所有计算机,几乎都是沿用"冯·诺伊曼机"的基本架构。

作为最早宣称机器的计算能力必定超越人类的科学家之一,冯·诺伊曼力促美国军方使用机器计算来解决"曼哈顿工程"中的海量计算问题。在其长达101页的科学报告即史上著名的"101页报告"(也称"EDVAC

---

[1] 安妮·雅各布森:《五角大楼之脑》,中信出版集团,2017。

方案"）中，勾勒出现代计算机的体系结构：计算机的基础组成是存储器、控制器、运算器、输入输出设备。

和图灵发明的"炸弹"计算机刚诞生就远超人类一样，冯·诺伊曼研制的史上首台存储式计算机"MANIAC"问世不久，就在一场专门为计算机和冯·诺伊曼本人量身定做的"人机对抗"中，实现了机器对人类的智力碾压。"这在国防科技史上具有划时代的意义：机器战胜了五角大楼最为依赖的世界上最伟大的大脑之一。"[2]

冯·诺伊曼未完成的遗作《计算机与人脑》，充分展现出他作为 20 世纪最伟大数学家的深邃，书中的很多思想仍将在很长一段时间内闪耀不朽的光辉。

堪称一时瑜亮的图灵和冯·诺伊曼，分别从不同角度对什么是智能展开了探索，虽然他们在如彗星一般短暂的生命中，并没有提出一个科学名词来指代这一伟大尝试，但他们对人工智能的贡献，及对后世科学家的巨大影响，将永载科技史册和军事史册。

名定达特茅斯

"人工智能"（artificial intelligence）作为一个科学名词被确立，是在 1956 年夏天（图灵去世两年后，冯·诺伊曼罹患癌症病重期间），在美国达特茅斯大学召开的一次为期两个月的重要会议上，这次会议由约翰·麦卡锡（John McCarthy）和马文·明斯基（Marvin Minsky）等人发起，与会者致力于"找出一种方法，能让机器使用语言，形成抽象概念和观念，帮助人类解决不同种类的问题，并且能够自我改进……现阶段人工智能研究的目标是，试图让机器做出能被人类称为智能的

> **知识链接：**
>
> 《计算机与人脑》[3]
> 名言摘录
>
> ◎ 这些系数还说明，天然元件（人脑）比自动机器优越，是它具有更多的、却是速度更慢的器官。而人造元件的情况却相反，它比天然元件具有较少的、但速度较快的器官。
>
> ◎ 这就是说，大型的、有效的天然自动机，以高度"并行"的线路为有利；大型、有效的人造自动机，则并行的程度量小，宁愿采取"串行"线路为有利。
>
> ◎ 神经系统是这样一台计算机，它在一个相当低的准确度水平上，进行着非常复杂的工作。

2. 安妮·雅各布森：《五角大楼之脑》，中信出版集团，2017。
3. 冯·诺伊曼：《计算机与人脑》，北京大学出版社，2010。

行为"。与会者重点讨论了七个方面的问题：自我编程计算机、自然语言理解、神经网络、计算复杂度、自我改进、表征（本体论）、随机性与创造力。自此，人工智能逐步发展为一门独立的学科。

达特茅斯会议揭开了人工智能跌宕起伏的发展史，在数次起起伏伏中，无数的研究者进行了不懈的探索和努力，人工智能的发展也在满怀期待与失望无奈之间反复徘徊。但用机器模拟甚至超越人类智能的尝试却从未因此止步。

> 知识链接：
>
> **出席达特茅斯会议的科学家**[4]
>
> 约翰·麦卡锡（John McCarthy，计算机学家，"人工智能"名词提出者）
>
> 马文·明斯基（Marvin Minsky，人工智能与认知学专家）
>
> 克劳德·香农（Claude Shannon，信息论创始人）
>
> 赫伯特·西蒙（Herbert Simon，中文名司马贺，诺贝尔经济学奖得主、图灵奖得主）
>
> 艾伦·纽厄尔（Allen Newell，计算机科学家）
>
> 塞弗里奇（Oliver Selfridge，模式识别的奠基人，写了第一个可工作的AI程序）
>
> 塞缪尔（Arthur Samuel）
>
> 伯恩斯坦（IBM 研究员）
>
> 摩尔（Trenchard More，达特茅斯大学教授）
>
> 所罗门诺夫（Solomonoff，计算机理论家）

达特茅斯会议参会人员合影

整整60年之后，人工智能程序AlphaGo以碾压之势，在被视为人类智力最后堡垒的围棋比赛中击败人类。有人惊呼人工智能很快就会逼近"奇点"，造成下岗大潮、隐私泄露等一系列社会动荡，甚至会成为人类的敌人，毁灭人类。也有人认为这不过是用更强大的计算机、更复杂的算法，实现了更复杂的功能而已。计算机即便跳棋、象棋、围棋下得再好，也只是一台（或者一群）冷冰冰的机器。

4. 尼克：《人工智能简史》，人民邮电出版社，2017。

今天，我们身处语音助理、人脸识别和智能家居环绕之中，回望这60多年的历史，赫然发现：原来从达特茅斯会议至今，科学家们一直没有给"人工智能"一个公认的学术定义，而大众与专业人士、技术研发者与社科专家、政府官员与未来学家，虽然对此有着不同的理解与视角，但其中的相似之处就是围绕"人与机器的关系"展开讨论。

斯图尔特·罗素和诺文认为：人工智能是有关智能体的研究与设计的学问，而智能体是指一个可以观察周遭环境并作出行动以达到目标的系统。人工智能能够模拟人的某些思维过程和智能行为（如学习、推理、思考、规划等），像人一样思考，像人一样行动。他们还将历史上关于人工智能的定义归为四类：第一类强调像人一样思考，"使计算机思考的令人激动的新成就，……按完整的意思就是有头脑的机器[5]"，或是"与人类思维相关的活动，诸如决策、问题求解、学习等活动的自动化[6]"。第二类强调像人一样行动，"创造能执行一些功能的机器的技艺，当由人来执行这些功能时需要智能[7]"或是"研究如何使计算机能做那些目前人比机器更擅长的事情[8]"。第三类强调合理的思考，如"通过使用计算模型来研究智力[9]"或是"使感知、推理和行动成为可能的计算的研究[10]"。第四类强调合理的行动"计算智能研究智能体的设计[11]"或是"AI关心人工制品中的智能行为"[12]。

布鲁金斯学会认为，人工智能是"机器能够做出与人类一样的反应，像人类那样思考、判断的能力"。这些软件系统"做出通常需要人类专业水平的决策"，并帮助人们预测问题或处理问题。就是说，它们是在自主、

---

5. Haugeland,1985
6. Bellman, 1978
7. Kuzweil,1990
8. Rich 和 Knight, 1991
9. Charniak 和 Mcdermott, 1985
10. Winston, 1992
11. Pool 等, 1998
12. 斯图尔特·罗素, 诺文：《人工智能：一种现代的方法》，第3版，清华大学出版社，2013。

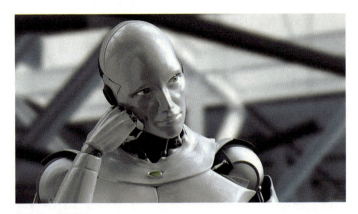

像人类一样思考

智能和自适应地工作。2019年4月，欧盟委员会人工智能高级专家组的定义是："人工智能（AI）是指通过分析环境并采取行动（在一定程度上自主）来实现特定目标，从而显示智能行为的系统。基于人工智能的系统可以完全基于软件，在虚拟世界中发挥作用（例如语音助手、图像分析软件、搜索引擎、语音和人脸识别系统），也可以嵌入硬件设备（例如先进的机器人、自动驾驶汽车、无人机或物联网应用程序）。"2019年6月，经合组织（OECD）发布全球首个政府间人工智能标准建议中认为：人工智能系统（AI system）是一个基于机器的系统，对于一组给定的人为目标，可以做出影响真实或虚拟环境的预测、建议或决策。人工智能系统旨在以不同程度的自治运作。

中国人工智能学会的《人工智能导论》中指出，人工智能目前没有一个一致认同的定义，但有两种说法较为常见：一是明斯基的"人工智能是一门科学，是使得机器做那些人需要通过智能来做的事情"；二是尼尔森的"人工智能是关于知识的科学"。在我国，李德毅认为"人工智能的研究是以知识的表示、知识的获取和知

13. 李德毅：《人工智能导论》，中国人工智能学会，2018。

识的应用为归依[13]"。而史忠植则认为"人工智能是通过人工的方法和技术,让机器像人一样认知、思考和学习,模仿、延伸和扩展人的智能,实现机器智能。"[14]

不难看出,"人工智能"这个概念本身存在着不确定性,因此很多时候人们彼此之间谈论的人工智能其实并非同一概念,从而导致一些无谓的争执和分歧。又因为人工智能还在不断地发展,特别是人类自身对于"智能"这个概念无法给出自然科学意义上的解释,我们还不能一窥人工智能概念之究竟。

人、机与环境

为讨论方便,本书所述的"人工智能"是指:"围绕特定任务,在环境感知、决策判断和行动执行等方面实现自主的技术,以及包含这种技术的硬件系统或人机复合组织。"需要强调的是,以上表述可以细化为如下推论:

(1)"围绕特定任务"意味着本书所述人工智能不讨论所谓的"通用人工智能"。

(2)人工智能应当包含对人、机器和环境三者之间关系的考察。

(3)以人为标准来衡量机器是否具有智能,在现

14. 史忠植:《智能科学》,第3版,清华大学出版社,2019。

阶段实际意义不大，重点关注的应是机器的自主程度。

（4）自主不仅具有感知、决策和行动等多个分类，还具有程度上的分级。

（推论1：概念）

当然，本书也会针对当前各界对人工智能的不同描述进行介绍，以便读者更好地理解人工智能这一概念的复杂性和发展性。

智能的强度

弱人工智能和强人工智能的这样的表达很容易让人产生误解，即以人类的智力水平为标尺，在某个水平线之上的智能就是强人工智能。其实"强人工智能"一词提出者最初的本意是，计算机不仅是用来研究人的思维的一种工具，只要运行适当的程序，计算机本身就是可以有知觉甚至是自我意识的，也就是有智能的[15]。

关于强人工智能存在着激烈争论，甚至已经使得很多哲学家都卷入其中，一些人认为机器是有可能有思维和意识的，而有些人则认为不可能制造出能真正地推理和解决问题的智能机器，这些机器只不过看起来像是智能的，但是并不真正拥有智能，也不会有自主意识。这种观点就是我们常说的"弱人工智能"：计算机解决问题时必须配置明确的程序，但人类即使在不清楚程序时，也可以根据发现法而设法巧妙地解决问题，这种情况对人而言司空见惯，如识别文字、图形、声音等，所谓认识模型就是一例；再如能力因学习而得到的提高和归纳推理、依据类推而进行的推理等。此外，即便解决的程序是清楚的，有些时候实行起来需要很长时间，对于这

> **知识链接：**
>
> **强人工智能**
>
> "强人工智能"一词最初是约翰·希尔勒（John Searle）针对计算机和其他信息处理机器创造的，但事实上，希尔勒本人根本不相信计算机能够像人一样思考，在论文中他不断想证明这一点，他所提出的定义只是他认为的"强人工智能群体"是这么想的，但这并不是研究强人工智能的人们真正的想法。也有哲学家持不同的观点：Daniel C. Dennett 在其著作 *Consciousness Explained* 里认为，人也不过是一台有灵魂的机器而已，为什么我们认为"人可以有智能，而普通机器就不能"呢？

[15]. J Searle, Minds Brains and Programs. The Behavioral and Brain Sciences, vol. 3, 1980.

样的问题，人类能在很短的时间内找出相当好的解决方法，如竞技比赛等就是如此。还有，计算机在没有给予充分的合乎逻辑的正确信息时，就不能作出有效的运算或判断，而人类在仅被给予不充分、不准确的信息的情况下，根据适当的补充信息，依然能够依循事物的趋向和联系来进行断定。

强、弱人工智能之争从技术的角度理解就是一道概念辨析题：如果一台机器的唯一工作原理就是对编码数据进行转换，那么这台机器是不是智能的？在这个关键问题上，即便是强人工智能概念的提出者希尔勒本人的态度也是含混不清的，他曾经举了个中文房间的例子来说明这是不可能做到的，如果机器仅仅是对数据进行转换，而数据本身是对某些事情的一种编码表现，那么在不理解这一编码和实际事情之间的对应关系的前提下，机器不可能对其处理的数据有任何理解。基于这一论点，希尔勒认为即使有机器通过了图灵测试，也不一定说明机器就真的像人一样有思维和意识。

哲学家西蒙·布莱克本（Simon Blackburn）对此给出了更为深刻的见解，他认为一个人看起来是"智能"的行动并不能真正说明这个人就真的是智能的。我永远不可能知道另一个人是否真的像我一样是智能的，还是说她/他仅仅是看起来是智能的。于是，智能与否就变成了一个主观认定问题。

技术的发展进步正是让幻想照进现实的人类史。科技的发展是爆炸式的，随着深度学习技术、神经网络技术、类脑智能技术等的发展，出现能够在自主意识和意志的支配下独立作出决策，并实施行为的强智能机器人并非天方夜谭。从弱人工智能到强人工智能，必然是科

> 知识链接：
>
> **中文房间**
>
> 中文房间问题是由美国哲学家希尔勒在1980年设计的一个思维试验，用以推翻强人工智能提出的主张（只要计算机拥有了适当的程序，理论上就可以说计算机拥有它的认知状态以及可以像人一样地进行理解活动）。
>
> 该实验要求你想象一位只说英语的人身处一个房间之中，这间房间除了门上有一个小窗口以外，全部都是封闭的。他随身带着一本用于中文翻译的书。房间里还有足够的稿纸、铅笔和橱柜。写着中文的纸片通过小窗口被送入房间中。房间中的人可以使用他的书来翻译这些文字并用中文回复。虽然他完全不会中文，希尔勒认为通过这个过程，房间里的人可以让任何房间外的人以为他会说流利的中文。

学家们始终不渝追求的目标。如果在开始探索之前就宣布某件事为不可能,那么科学探索也就失去了其本来的意义。

三大主义

人工智能是研究、开发用于模拟、延伸和扩展人的智能的理论、方法、技术及应用系统的一门技术科学。如何对其发展路径进行科学规划,一直是科学家们颇为头痛的问题,从机器与人相比,体现出的智能化水平来看,人工智能大体可分为运算智能、感知智能和认知智能三个层次。

	与人类能力的类比	目前水平
运算智能	快速计算和记忆存储能力	机器超过人类
感知智能	视觉、听觉、触觉等感知能力	人与机器相当,但机器具备诸多人类感官之外的能力
认知智能	分析、思考、理解、判断的能力	机器不如人类

另一方面,围绕"如何判断机器具备人类的智能",又可以将人工智能的实现路径分为三个主要流派:

一是符号主义,即认为只要通过符号计算实现了相应的功能,那么就可以视为具备了现实世界中的某种能力,比如著名的图灵测试,就是符号学派的经典试验。

二是连接主义,即认为大脑是智能的基础,因此实现智能必须通过模拟大脑的神经网络和连接机制,实现对智能的模拟,例如当前最为火热的深度学习,就遵循连接主义的基本思想。

符号主义

连接主义

三是行为主义，即认为智能取决于感知和行动，不需要知识、表示和推理，只需要行动具有智能特征即可，其典型代表就是机器人。

行为主义

有些人可能会指出，以上人工智能不同实现路径的三大主义，只是围绕着"如何实现智能？"的问题，对于"什么是智能？"却涉及甚少，这是因为迄今为止，无论是脑科学、心理学还是哲学，对这个问题还无法达成共识，因此科学家们更多地将精力放在了如何实现上。

也许，对人类智能本质的不求甚解或将成为当前"第三波人工智能"最终衰落的诱因。

1.2 潮起潮落

> 培养直觉，相信直觉，遵从直觉，即便所有人都视之为胡言乱语也不要担心。
>
> ——"深度学习之父"杰弗里·辛顿

再来一局

2016年3月，人工智能AlphaGo战胜了李世石，一时间成为世界瞩目的焦点，并被认为是第三次人工智能热潮来临的标志性事件。有趣的是，历史上前两次人工智能的热潮都与人机对弈有关，可能是由于棋类是将机器与人的智力水平进行对比测试的最直观方式。

第一台计算机发明时，人们觉得那只是一台能飞速做算术题的机器，1951年第一个会下西洋跳棋的计算机程序诞生。1962年IBM的阿瑟·萨缪尔编写的西洋跳棋程序战胜了一位跳棋高手，成为轰动一时的新闻，当时大多数媒体和公众都认为类似程序是不折不扣的人工智能。随着技术的不断发展以及民众科学水平的提高，人们发现计算机下棋，本质上只不过是用穷举或优化搜索的方式来计算，并不是像人一样"下棋"或者具有"智能"，于是有人提出跳棋过于简单，在国际象棋

阿瑟·萨缪尔在展示其跳棋程序

知识链接：

人工智能三次浪潮

第一次浪潮，50年代的达特茅斯会议确立了人工智能（AI）这一术语，人们陆续发明了第一款感知神经网络软件和聊天软件，机器能够证明数学定理，人类惊呼"人工智能来了""再过十年机器人会超越人类"。然而，人们很快发现，这些理论和模型只能解决一些非常简单的问题，人工智能进入第一次冬天。

第二次浪潮，20世纪80年代Hopfield神经网络和BT训练算法的提出，使得人工智能再次兴起，出现了语音识别、语音翻译计划，日本提出的第五代计算机也是当时的明星。但这些设想迟迟未能进入人们的生活之中，第二次浪潮又破灭了。

第三次浪潮，随着2006年辛顿提出的深度学习技术，以及2012年ImageNet竞赛在图像识别领域带来的突破，人工智能再次爆发。这一次，不仅在技术上频频取得突破，在商业市场同样热门，创业公司层出不穷，投资者竞相追逐。

等复杂到无法计算的项目上，计算机肯定是无法超越人类的，但35年之后，IBM的"深蓝"计算机战胜了国际象棋冠军卡斯帕罗夫，于是又有人提出围棋是一项无法穷尽搜索、需要依靠人类"大局观"的智力运动，是唯一计算机无法战胜人类的棋类比赛。于是2016年打脸时刻再次来临，人类被快速发展的算法无情嘲笑，从AlphaGo与李世石对弈的4：1，到其升级版Master与数十位人类顶尖棋手的60：0，人类智慧代表的最后堡垒被撕得粉碎。

今天，我们正在经历人工智能第三次浪潮，与前两次相比，当下的人工智能热潮虽然也与下棋有关，但却存在着巨大的不同，最大特点就是人工智能在语音识别、机器翻译、人脸识别等多个领域的表现，基本达到或超过了一般人的平均水平，从而真正做到"实际可用"，广受认可。因为方法上的改进带来了更高的可用性，人工智能的算法和技术开始应用于实际场景，解决实际问题。在产业层面实现真正的落地，发挥和创造出切实的价值。

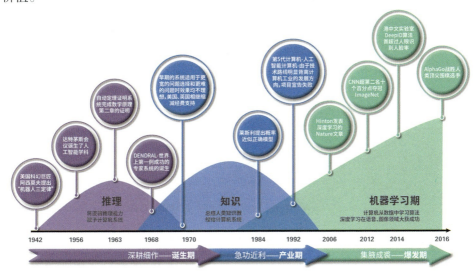

人工智能三次浪潮

为什么这次的人工智能浪潮会如此汹涌？很多期待已久的应用得以爆发性实现？从技术上看，第三波人工智能浪潮兴起的根本原因是"深度学习"的复兴，而大数据、算法和计算力的飞速提高，正是其发展的关键要素，于是就在21世纪的第二个十年，计算机"一下子聪明起来了"，在机器视觉、语音识别、自然语言处理、数据挖掘和自动驾驶等方面，取得明显优于以往的良好效果。

深度学习大事记

而从应用层面上，前两次人工智能热潮是学术研究机构主导的，这次是商业需求主导的。前两次是舆论界在炒作、学术界在游说政府和投资人给予关注，而第三次是政府与资金主动向富有希望的学术和创业项目投资。前两次更多的是提出问题，而这次更多的是解决问题。

学习的深度

机器的"学习"与人类的学习过程存在某种类似。比如小朋友学习汉字，大体上是按照从简单到复杂的顺序，反复看卡片、书本、IPAD上各种汉字的写法，看得多自然就记得，再见到就能够认识。这个在人类看来非常简单、再自然不过的识字过程，却蕴含着无穷奥妙。

小朋友通过多次观察汉字图像后，能总结出一些规律性的东西，再看到学过的字就能认识。让计算机认字也是类似的道理。计算机要把每个字的图像反复看很多遍，试图总结出规律。再看到类似的图像，就能够根据总结出的规律来判定这是什么字。

最初，计算机科学家们采用模仿人类认字思路的方法，试图总结出"确定性的规律"。比如一笔写成"一"、两笔写成"二"、三笔写成"三"。但三笔也能写成"口"。这时候老师会告诉小朋友，方框是口，横排是三。但"田"字也是方框。老师会说，方框里有十字的是田。但"由"和"甲"也有方框、方框里也有十字……这种逐步叠加、层层深入的学习方法，在计算机科学里可以用一种称为决策树的机器学习方法表示，这个"树"有很多分叉，每次根据一个规律做出是与否的判断，最终给出结论。

机器人看书和我们一样吗

  显然,只凭一棵"决策树"来学习的方法太简单,完全不可能解决实际问题。于是研究者们试图让计算机建立并识别一些新的特征,包括是左右结构还是上下结构、是否出头、笔画及位置关系等。我们暂且假设汉字一共有二十种特征,那么计算机识别这些特征的算法设计应该把不同的汉字拆解为不同的特征或特征组合,也即可以计算出这二十种特征,并根据特征的唯一性来确定这是哪个汉字,这就是数学上所谓"空间"的概念。再遇见一个新的汉字图像时,计算机就通过计算特征把图像映射到"特征空间"里的某个点,从而判断出这个点落在哪个字的区域里。

  这种方法的问题是,用直线来分隔一个平面空间,实在难以适应汉字成千上万种不同的写法。即使用复杂的高阶函数、提高空间的维度,也不能得到明显改进。我们每个人都认字,但很难明确地说出"规律是什么"。这可能是由于真实世界太过复杂,不能用简单规律概括。机器学习就是这样一种在表达能力上灵活多变,并允许计算机不断尝试、自己去总结规律,直到机器最终找到符合真实世界特征的算法。

当前最火热的深度学习算法是由杰弗里·辛顿在2006年在《一种深度置信网络的快速学习算法》论文中提出的,其主要机理是通过深层神经网络算法来模拟人的大脑学习过程,希望借鉴人脑的多层抽象机制来实现对现实对象或数据的机器化语言表达。简单地说,就是把计算机要学习的内容作为数据输入一个复杂的、包含多个层级的数据处理网络中,此网络中每个节点做何种计算、系数是多少都是可调整的。

深度学习需要大量的简单神经元,每层的神经元接受更低层神经元的输入,通过输入与输出的非线性关系

> **知识链接:**
>
> **决策树**
>
> 决策树(decision tree)是在已知各种情况发生概率的基础上,通过构成决策树来求取净现值的期望值大于等于零的概率,评价项目风险,判断其可行性的决策分析方法,是直观运用概率分析的一种图解法。由于这种决策分支画成图形很像一棵树的枝干,故称决策树。在机器学习中,决策树是一个预测模型,它代表的是对象属性与对象值之间的一种映射关系。
>
> 决策树是一种树形结构,其中每个内部节点表示一个属性上的测试,每个分支代表一个测试输出,每个叶节点代表一种类别。

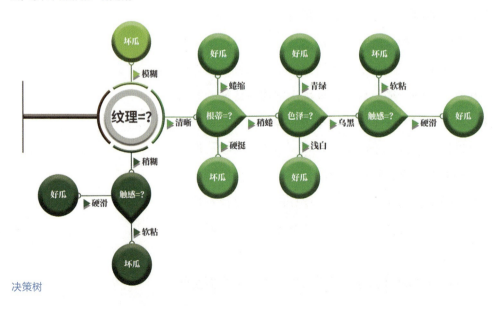

决策树

杰弗里·辛顿

将低层特征组合成更高层的抽象表示,直至完成输出。

让我们继续以学习汉字为例,计算机逐个将汉字图像(二进制表示的数据串)输入网络,通过调整参数配置方案,使得网络输出对应正确的汉字编码。学习第一个汉字时,很容易得到正确的方案。但学习第二个汉字时,要确保不影响整套系统对第一个汉字判断的正确性。学习第三个汉字时,要保证前两个汉字判断的正确性……依此类推。就是通过一次次锲而不舍地调整参数配置方案,最终找到能够满足所有汉字都判断正确的方案。计算机通过反复输入图像、总结规律并最终学会认字。而其总结出的规律,就隐藏在完成了参数配置方案的数据处理网络中。

综上可知,深度学习大体上就是用人类的数学知识与计算机算法设计一种架构,再结合尽可能多的训练数据、优化的计算方法,以及计算机大规模运算能力去调整内部参数配置,尽可能逼近问题目标的方法。这是典

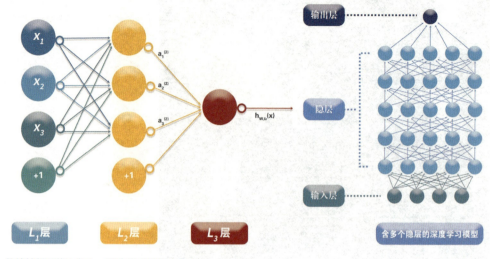

传统神经网络（左）、深度学习模型（右）

型的半理论半经验的方法，是实用主义，是工程思维。它不像数学物理原理一样能准确、精炼表述。一方面可以认为它"不求甚解"，难以简单说清楚每个参数的配置有何道理；另一方面它在实际中非常有效，从结果看确实能够"理解"更复杂的世界规律，做出正确的判断。

有史以来最棒的机器学习方法，就是这样一个"只可意会、不可言传"的黑盒子。

食材和电源

深度学习的提出、应用与发展，将人工智能带上了一个新的台阶，它对第三次人工智能热潮的贡献之大，导致现在很多人一说起人工智能，就将其理解为深度学习，而不知有其他。我们可以将基于深度学习的算法比喻成一台功能强大的料理机，它彻底改变了我们对食物加工的理解，这台机器既可以榨果汁也可以做豆浆，既可以熬稀饭也可以做奶昔，甚至还可以烤面包……这台神奇的料理机似乎有着无穷多的可能性等待我们去发现，只有你想不到，没有它做不到。

但是想要这样一台料理机产出美味的食品，两个基本条件必不可少：一是食材，也就是各种不同类型的数据；二是这台料理机工作起来需要电源，也就是计算力。没有数据和计算力，深度学习也只能是一套纸面上的数学公式，就像那台你买回来从来没工夫用的料理机。

当前，人工智能所采用的深度学习是利用机器算法模拟人脑对知识学习、吸收与理解并掌握运用的训练过程。必须有足够丰富的训练数据，才能归纳出可被计算机运用的规律。近年来，随着移动终端设备渗透率的提升，全球数据在数量和种类上都呈高速增长的态势。据IDC（互联网数据中心）预测，全球数据量2025年将达到175ZB。

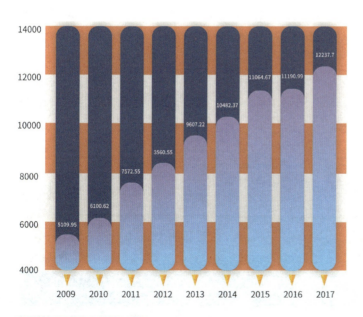

中国数据量变化（单位：EB）

当然,数据量大并不代表数据都可以被深度学习算法挖掘利用。确定性事件的反复记录并无信息量。大数据的价值在于数据分析,以及基于分析基础上的数据挖掘和智能决策。而目前看来,深度学习恰好就是从大数据中发现以往难以想象的有价值的数据、知识或规律的最好工具。简单而言,有足够的数据作为深度学习的输入,计算机才可能学会以往人类才能理解的概念和知识,并将其应用到新的方面。前面提到围棋程序AlphaGo,用以作为训练输入的棋局,既包括找到的所有人类对局,也有电脑自己产生的。如果说人工智能是食物料理机,也需要大数据作为源源不断的食材供应才有实际产出。

另一个促成深度学习在近期崛起的因素,是超算和云计算推动了计算能力的大幅增长。深度学习寻找正确

计算力的增长速度

的参数配置方案的过程是非常耗费运算量的，世界上第一台计算机的运算速度只有 5000 次每秒。AlphaGo 的运行速度可达到每秒 3000 万亿次。2018 年 5 月，OpenAI 发布报告称，从 2012 年之后 6 年多时间里，计算能力提升了 30 万倍，按这个趋势发展下去，未来机器的能力可能会远远超过我们今天的想象。2022 年 3 月，有研究者发文指出，自 2010 年以来的 12 年间，机器学习使用的算力增长已达到了一百亿倍之多。且仍有继续加速增长之势。

计算力的大幅提高使得深度学习的速度大大提高，能够让人类再也不用动辄等几百年才能得出计算结果了，于是人工智能在现实中成为真正可用的技术，但随着一系列新技术的迅速普及和大面积推广，人类和机器产生的数据量也会继续以几何级数激增，于是计算力又会很快显得捉襟见肘，科学家们已经着手寻找解决之道，其中就包括备受瞩目和争议的量子计算机。

四座大山

从前文很容易看出，当前以深度学习为代表的"第三波人工智能"，存在着一些极为显著的技术特征，并已在其发展道路上形成阻碍其发展的"四座大山"。

一是数据依赖。没有数据就无法进行训练，训练的越充分算法就越好用，这是当前深度学习算法难以逾越的大山，因此我们看到，当前在一些数据富集的领域，如语音识别、图像识别等，人工智能技术发展的速度非常之快，而一些数据匮乏的领域，比如战场态势感知，人工智能显得有心无力。针对于此，一些专家已经开始

> **知识链接：**
>
> **小样本学习**
>
> 小样本学习技术（few-shot learning）、元学习（meta learning）都是目前正在发展中的人工智能方法，其目的是希望机器学习模型在学习了一定类别的大量数据后，对于新的类别，只需要少量的样本就能快速学习。这种方法试图模仿人类非常擅长通过极少量的样本识别一个新物体的能力，比如小孩子只需要书中的一些图片就可以认识什么是"斑马"，什么是"犀牛"。
>
> 小样本学习和元学习追求目标是在不改变已经训练好的模型的条件下，对从未见过的新类，只借助每类少数几个标注样本即可完成。目前研究较多的主要由基于度量（metric based）、基于模型（model based）、基于优化（optimization based）等主流方法。

着手研发对数据依赖不那么严重的方法，也就是所谓的小样本学习技术。

二是算法黑箱。基于"参数调试"的算法设计，不可避免地会导致"不可解释"的问题，这在很大程度上增加了人工智能发展的不确定性，在既不知道人工智能如何做到的，也不知道人工智能还能做些什么的情况下，不但科学家们深表戒惧，普罗大众更是会感到惶恐。对此科学家们正在致力于研发"可解释的智能"，试图以此来减少技术上的不确定性。

三是能耗激增。深度学习算法需要的强大计算力和海量数据，需要超级计算机、云计算、数据中心等庞然大物，需要消耗大量能量，目前全世界耗电量的2%是被数据中心消耗的。2010年，北京的数据中心总耗电量为26.6亿千瓦时，2015年增至67亿千瓦时，占北京全社会用电量的7%，2018年已经突破100亿千瓦时[17]。2017年底我国各类在用数据中心达28.5万个，全年耗电量超过1200亿千瓦时，相当于全球发电量最高的三峡电站全年总发电量的130%。与此同时，未来几年我国数据中心的规模及能耗仍将保持30%以上的高速增长。这种高耗能的方式不但会带来经济成本的问题，更会给人工智能本身的大规模应用带来严重制约，毕竟对于用户而言轻量化、低耗能才是王道，特别是在军事领域，高能耗的人工智能基本上无法在战场生存。对此科学家们试图通过"智能芯片"的方法加以解决。

四是场景锁定。在一些电脑赛车游戏中，赛道的设计是一个一个推进，只有玩家在前一个赛道赢得比赛，才有资格进入下一个赛道，这就是所谓的"场景锁定机制"。当前的人工智能技术，由于前述三座大山的存在，

知识链接：

可解释人工智能

可解释人工智能（explainable AI，简称XAI）也称透明AI（transparent AI）是人工智能的一个新兴分支，用于解释人工智能所做出的每一个决策背后的逻辑，其目的是确保人工智能的行为能够被人类所理解，以此为人类对人工智能进行监督和治理提供重要的信任基础。

实现可解释人工智能的其中一种方法称为网络解剖（network dissection），就是寻找的隐藏单元（hidden unit）与一组语义（a set of semantics）中间的对齐（alignment），讲白话就是寻找神经元（neuron）与抽象意义之间的关联。这与现在脑神经科学用fMRI（functional MRI）来检测哪些神经元与连接的突触（synapse）在哪一特定概念输入时被激发的手法颇为相似，只不过人工智能的网络解剖首先要证明此一类比存在，而且对于对齐的程度可以量化，现在这个方向的研究持续开枝散叶中[16]。

---

16. 林育中：《可解释的人工智能》，2019-05-02。
17. 中国能源报，2019.7。

以及商业利益驱动的发展路径，对于特定场景的依赖非常明显，技术发展高度集中在有数据、有用户、有收益的几个狭小领域，对于其他场景的扩散能力严重不足，而很多人津津乐道的所谓"通用人工智能"，早已让位于商业利益驱动的基于特定场景的技术研发。

> **知识链接：**
>
> **智能芯片**
>
> 智能芯片不是用人工智能的方法制造芯片，而是把人工智能的算法（如神经网络算法）直接以硬件的方式固化到芯片里，也就是说它实际上就是一个专门执行某种特定算法的大规模集成电路。智能芯片之所以能做到大大降低功耗，是因为目前计算用的芯片是为了通用型任务设计的，也就是说像神经网络算法这种特定任务最多只能用到其中极小的部分，剩下的大部分能力和功耗都被白白浪费掉了，而智能芯片则是专门为某种算法设计的，因此在同等计算能力下，功耗可以大幅度降低。以击败李世石的AlphaGo为例，其服务器集群功耗约为十万瓦级，而如果把同样的算法作成专用的智能芯片，功耗可以降到瓦级，当然这不包括其他配套设备，但即便如此，采用智能芯片所节约的效能也足以取代目前的方式。

> **知识链接：**
>
> **通用人工智能**
>
> 通用人工智能（AGI）就是指最本初意义上的"让机器像人一样思考"，这一概念是一些人工智能原教旨主义者梦寐以求的目标，但实际上，经过人工智能技术的数次涨落之后，多数科学家已经放弃了这种不分场景、不分任务，泛泛意义上的所谓"智能"。但在很多民众和部分学者看来，通用人工智能仍然是一个非常重要的议题，如前文所诉，本书内容不涉及"通用人工智能"。
>
> "通用人工智能"与"强人工智能"的不同在于，前者不要求机器具备自我意识，而后者需要。

1.3 全球竞智

> 谁能成为人工智能领域的领先者，
> 谁就能统治整个世界。
>
> —— 俄罗斯总统普京

人工智能技术具有显著的泛在性、赋能性和不确定性。如果说科学家们对人工智能的热情，源于自身科学创新的使命感和好奇心，那么普通民众对于人工智能的巨大兴趣，则完全是因为这种技术如魔术一般的神奇能力；在学界、商界和政界的热情努力下，各国争先恐后的踏上了人工智能竞赛的赛道，全球最著名的会计师事务所德勤于2019年10月发布的《全球人工智能发展白皮书》，对发展态势进行了概览。

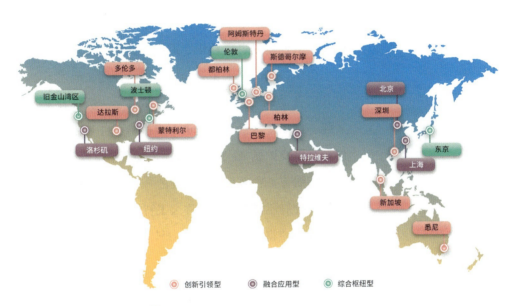

全球 AI 发展态势（2019.10）[18]

18. 德勤：《全球人工智能发展白皮书》，2019 年 10 月发布。

霸主美国

美国在人工智能领域居于全球霸主地位，一直引领着人工智能基础研究的前沿，以 DARPA 为代表的政府机构持续推动人工智能发展与应用，并且已经开始将其运用到军事领域。

在美国前总统巴拉克·奥巴马执政的后期，白宫在三份独立报告中为美国的 AI 战略奠定了基础。其中第一份报告《未来人工智能准备》明确提出了有关制定 AI 法规、资助研发、自动化、道德、公平与安全的内容。另一份报告《国家人工智能研发战略计划》概述了美国在政府资助 AI 研发上的战略。而最后一份报告《人工智能、自动化和经济》则进一步说明了自动化对社会的影响，以及扩展 AI 有益的方面需要哪些新政策。

特朗普上台之后，白宫成立了人工智能专门委员会，特朗普政府还特别强调允许人工智能技术"自由发展"，联邦政府"将尽最大可能助力科学家和技术专家自由投身于下一代伟大发明"。2017 年 4 月，时任美国国防部副部长的罗伯特·沃克签发了关于成立"算法战跨职能小组"（AWCFT）的备忘录，表示将通过设立该机构，推动国防部加速融入人工智能、大数据及机器学习等关键技术。2018 年 6 月，美国国防部成立联合人工智能中心（JAIC），旨在让国防部各人工智能项目形成合力，加速人工智能能力的使用、扩大人工智能工具的影响，并计划 5 年内投入 17 亿美元。2019 年 2 月，美国国家科技政策办公室发布了由特朗普亲自签署的《美国人工智能倡议》。2021 年 1 月，美国白宫根据《2020 年国家人工智能倡议法案》设立国家人工智能倡议办公室，负责监督和实施美国的国家人工智能战略。3月，美国人工智能国家安全委员会通过最终报告，明确提出美国发展人工智能能力要领先中国，并确保美军2025年之前实现"人工智能就绪"。据美国官方公开宣称，至2021年底其军事智能项目超过600项。

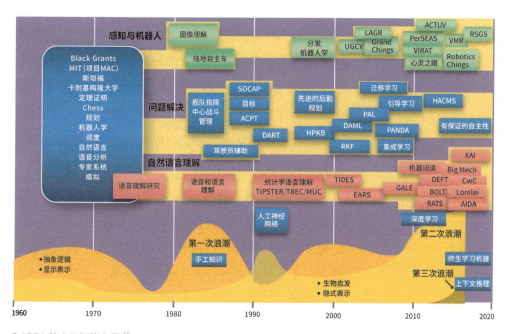

DARPA 的人工智能布局[19]

俄罗斯

虽然俄罗斯出台国家战略较晚，但其很早就对人工智能给予了高度重视。普京甚至直言"谁能成为人工智能领域的领先者，谁就能统治整个世界"。2014年2月，俄总理梅德韦杰夫签署命令，宣布成立隶属于俄联邦国防部的机器人技术科研试验中心，主要开展军用机器人技术综合系统的试验。2015年12月，普京又签署总统

19. 国务院发展研究中心：《人工智能全球格局：未来趋势与中国位势》，中国人民大学出版社，2019。

令，宣布成立国家机器人技术发展中心，主要职能是监管和组织军用、民用机器人技术领域相关工作。这两个机构的成立意味着俄罗斯已经开始在国家层面对无人作战系统的建设发展进行总体规划，其中重点关注无人机和地面战斗机器人的发展。2016年，俄罗斯发布《2025年前发展军事科学综合体构想》，明确提出将分阶段强化国防科研体系建设，以促进创新成果的产出，并将人工智能技术、无人自主技术作为俄罗斯军事技术在短期和中期的发展重点。俄罗斯还在《2018—2025年国家武器装备计划》中提出为其武装力量提供基于新物理原理的武器，以及超高声速武器样机、智能化机器人系统和新一代常规武器装备。

2018年3月，俄罗斯国防部、联邦教育和科学部（MES）以及科学院召开评估世界人工智能实力的会议，汇聚了国内外开发人员和用户，聚焦制定计划，使俄罗斯的学术、科学和商业界能够参与竞争。之后，国防部官员发布了一项雄心勃勃的计划，包括：组建人工智能和大数据联盟；获取自动化专业知识；建立国家人工智能培训和教育体系；在时代科技城（Eratechnopolis）组建人工智能实验室；建立国家人工智能中心；监控全球人工智能发展；开展人工智能演习；检查人工智能合规性；在军事论坛上探讨人工智能提案；举办人工智能年度会议等十大举措。

2019年10月，俄罗斯总统普京签署命令，批准《2030年前俄罗斯国家人工智能发展战略》。这一战略目的在于促进俄罗斯在人工智能领域的快速发展，包括强化人工智能领域科学研究，为用户提升信息和计算资源的可用性，完善人工智能领域人才培养体系等。

普京与机器人握手

"实施这一战略是俄罗斯在全球人工智能领域占据领先地位的必要条件,将使俄罗斯在该领域获得技术独立和竞争力。"普京认为人工智能技术的主导权已经成为全球竞争的重要领域。"世界上许多发达国家已经通过了发展此类技术的行动计划。俄罗斯必须确保在人工智能领域的技术优势。"

英国

英国一直是全世界研究人工智能的学术重镇。2016年10月,英国下议院科学和技术委员会发布《机器人技术和人工智能》报告。这份报告重点关注英国机器人、自动化和人工智能产业整体,重点探讨了英国如何充分利用自身优势,把握产业发展过程中的机遇,规范机器人技术与人工智能系统的发展,以及如何应对其带来的伦理道德、法律及社会问题。2016年11月，英国政府科学办公室发布《人工智能：未来决策的机会与影响》报告；次年又发布了《在英国发展人工智能》报告；2018年4月，英国政府发布的《英国人工智能：有准备、有信心、有能力？》报告，将英国定位为21世纪人工智能发展领域的世界领导者之一。2019年11月3日，中国工程院院士、国家新一代人工智能战略咨询委员会组长潘云鹤公开表示："平心而论，全世界人工智能的水平，美国第一，中国和英国可以并列第二，我们数量多一些，他们的质量更好一些[20]。"

战胜李世石的 DeepMind 公司

目前，英国形成了以伦敦、剑桥、爱丁堡等高校集中城市为中心的人工智能产业集群，不仅拥有像"深度思维"公司（DeepMind）、"快键"公司（SwiftKey）、"巴比伦"公司（Babylon）等在人工智能领域占有重要地位的科技公司，还孕育了"克莱奥"公司（Cleo）、"思维追溯"公司（Mindtrace）等在理财、自动驾驶行业开拓的人工智能初创公司。同时，英国全球顶尖的高

20. 新浪财经公众号，2019年11月3日。

等教育体系所形成的人才培养和科研转化机制，为其人工智能的发展提供了坚实、强大的科研能力和人才支撑。

欧盟崛起

2018年4月，欧盟委员会通过了《人工智能通讯》。这是一份长达20页的文件，阐述了欧盟对AI的态度。委员会的目标是：提高欧盟的技术和工业能力，增加公共和私营部门对AI的吸收；让欧洲人为AI带来的社会经济变化做好准备；确保建立适当的道德和法律框架。主要举措包括承诺将欧盟对AI的投资从2017年的5亿欧元增加到2020年底的15亿欧元，建立"欧洲人工智能联盟"，以及制定一套新的AI道德准则，以解决公平、安全和透明等问题。2021年4月，欧盟通过《人工智能法》提案，这是其首个人工智能法律框架，旨在将欧洲变成可信赖人工智能的全球中心，同时加强欧盟的人工智能创新和应用。

通用数据保护条例引发全球关注

总体而言，欧盟对于发展人工智能呈现如下特征：

重规则。由于欧盟不是单一国家，内部发展水平不一致，且对人工智能的发展上会产生分歧，在一定程度上反映了人类距离形成新的技术价值观尚有距离，但同时这使欧盟在发展人工智能的过程中更注重规则的制定。希望通过规则达成共识，并将人工智能发展约束在可控的水平。显然，在技术占劣势的情况下，欧盟希望能够向国际社会输出欧盟的人工智能价值观，引领人工智能的发展方向，塑造人工智能在社会中的积极角色。

重人权。欧盟在技术伦理方面有很强的前瞻意识，并处于世界领先水平。具有人权传统的欧盟秉持以人为本的人工智能发展理念，希望通过人工智能价值引导人工智能发展，塑造其社会影响，造福个人和社会。2018年欧盟颁布的《通用数据保护条例》规定了大数据时代的伦理红线和考量原则。2019年欧盟委员会高级别专家组发布了AI道德指南草案，进一步显示了欧盟对保护个人面对技术的选择权、知情权的重视。

重合作。由于欧盟在技术、产业、市场上不占优势，欧盟更希望通过加强与其他国家和地区的合作，提高欧盟的影响力。欧盟为了把欧洲打造成全球人工智能研究和创新的前沿阵地，大力扶持高标准人工智能研究中心的建设，并促进激励相关研究机构在研究方面沟通合作，共享成果，共同发展。2019年欧盟委员会高级别专家组发布的《人工智能的定义：主要能力和科学学科》，就是试图从技术概念层面促进沟通，构建共识。

德国于2018年7月发布《联邦政府人工智能战略要点》，明确要求联邦政府加大对人工智能相关重点领域的研发和对创新转化的资助，加强同法国人工智能合作建设，实现互联互通；加强人工智能基础设施建设，以期将德国对人工智能的研发和应用提升到全球领先水平。德国有着深厚的工业积累，发展人工智能的方式也以工业为重，其发展是由车企和传统制造业牵头引领，围绕着升级工业制造而进行的。德国联邦政府正式发布了《德国联邦政府人工智能战略》，提出了"AI Made in Germany"的口号，将德国人工智能的重要性提升到了国家战略高度。德国政府将为其人工智能的发展和应用打造一个整体的政策框架，并计划在2025年前拨款30亿欧元支持人工智能的研究和开发。

法国于2018年3月公布了《法国人工智能发展战略》，提出了"以人为本，迎接人工智能时代"的口号，希望广大国民了解、信任、认可并适应人工智能技术，进而为人工智能发展打下良好的群众基础。法国人工智能的发展聚焦健康、交通、环境、国防与安全四个优先领域。法国总统马克龙在巴黎举行的"AI for Humanity"峰会结束时，公布了法国将在AI研究、训练和产业领域成为全球领先者的十五亿欧元计划。法国的人工智能发展战略注重抢占核心技术、标准化等制高点，重点发展大数据、超级计算机等技术；法国对人才培养、基础研究、技术伦理方面非常重视。

2019年5月，法国军备总署（DGA）透露了法国在国防领域人工智能技术方面的投资，优先关注6个领域：决策支持、规划、情报分析、协同作战、机器人、网络空间作战。2019年9月，法国国防部发布《人工智能的国防应用路线图》报告。强调应确保法国行动自由以及与盟国联合行动的互操作性；坚持可信、可控和负责任的AI应用原则；确保法国系统的良好弹性与可扩

马克龙宣布人工智能计划

展性；维护国家主权。报告认为在 AI 研究领域，法国在全球范围内处于有利地位，并通常公认为是欧洲最好的，然而在 AI 服务的工业化等方面却不如英国、加拿大和以色列等国家先进。为了保持技术优势，有必要在基础研究和工业应用之间取得更好的平衡；此外，还应发展比较战略优势，诸如武器系统之类的关键应用，能够审核可用于学习的算法和数据特征，使其具有更新迭代的能力。

芬兰是欧盟第一个将国家人工智能战略付诸实施的国家。在欧盟委员会组建的"人工智能高级别专家组"中，首席专家即由芬兰人佩卡·阿拉·比埃蒂拉担任。而芬兰作为人口"小国"，在原始资源方面存在"先天不足"，而欧盟通用数据保护条例（GDPR）的生效，更是制约了芬兰获得数据的便利性。因此芬兰在推进本国人工智能发展方面采取了扬长避短的策略。一是战略上高度重视,因地制宜地制定发展路径。2017年5月,芬兰财政部长Mika Lintilä任命了一个指导小组,研究芬兰如何在应用AI技术方面成为世界顶级国家之一。二是充分发挥移动通信基础设施发达,人口素质高,创新气氛浓的特征,瞄准了人工智能的商业应用,力争在这一细分领域实现突破,展现竞争实力。三是大力推动人工智能职业培训。芬兰政府正在全国范围内推广一项被称为"AI挑战"的计划,让公民可以参加专门为没有编程经验的非技术专家设计的在线课程。芬兰政府估计全国近五分之一的人口(约100万人)需要更新他们的人工智能技能。2018年9月,芬兰总统出席了人工智能毕业生的颁奖典礼,充分体现出该国对于人工智能职业培训的重视。

奥地利国内对于人工智能技术高度较为重视,虽没有制定相关国家战略,但在欧盟委员会设立的高级别人工智能专家组中,奥地利派出了以奥地利机器人和人工智能理事会主席Sabine T. Koeszegi为首的三位专家深度参与其中。奥地利国内人工智能技术的发展颇具特色,首先是在人工智能的基础研究领域人才辈出。如奥地利籍数学家哥德尔提出的"不完备定理"被誉为"现代逻辑学三大哲学成果之一"(另外还有塔尔斯基形式语言真理论、图灵测试问题),对当代人工智能研究产生了深远影响,美国《时代》杂志曾评选出20世纪100个最伟大的人物,在数学家中排在第一的就是哥德尔。

二是在应用方面,重点关注交通、医疗等社会民生领域。2019年4月4日,奥地利首都维也纳忠利竞技体育场举行了一场规模盛大的无人驾驶"空中出租车"的试飞活动,波音、空客等航空巨头都展示了它们各自版本的"人工智能无人驾驶出租车"。奥地利交通部长诺

伟大的数学家哥德尔

伯特·霍费尔（Norbert Hofer）出席了演示活动，他说，奥地利支持国际社会迅速制定必要的法规。希望奥地利能成为第一批在城市里定期使用"人工智能无人驾驶出租车"的国家之一。而在智能医疗方面维也纳医科大学走在世界前列。

三是在经济转型发展方面，高度重视工业4.0战略。欧洲大陆的"去工业化"问题使得各国倍感忧虑，工业4.0战略的提出反映出欧盟希望重振工业制造业的强烈意愿。根据欧盟议会智库的研究，奥地利处于工业4.0战略"领跑者"行列，在欧盟排名第四。根据普华永道

2015年的调查显示,在100家受访的奥地利工业企业中,超过85%的企业将在企业内部所有重要领域实施工业4.0。

荷兰具有历史悠久的学术素养,先后产生30余位诺贝尔奖获得者(含在荷兰受教育者)。爱因斯坦曾经执教过的荷兰莱顿大学曾孕育16位诺贝尔奖得主,乌特列支大学培养12位诺贝尔奖得主,拉德堡德大学产生了2名诺贝尔物理学奖得主。世界上第一位诺贝尔经济学奖得主,即来自荷兰鹿特丹伊拉斯姆斯大学经济学院。荷兰科技论文产出率高于欧洲平均水平,占世界科技论文的2.3%;论文引用率为世界第3位;人均专利申请数为世界第二。

在人工智能技术领域,荷兰国内认为自己落后于中美。2018年11月6日,荷兰教育、文化和科学部所属的荷兰科学研究组织(NWO)发布了《国家人工智能战略路线图》。作为荷兰国内最重要的科研投资机构,NWO发布的这份报告对荷兰目前的人工智能进展表现出忧虑,认为目前荷兰政府对人工智能重视不足,企业

荷兰莱顿大学

界也不知道如何推动企业的智能化进程。报告认为荷兰在科研领域是国际 AI 领域的早期参与者,但后来失去了动力,特别是在科学出版物和研究经费领域。报告还呼吁荷兰尽快出台人工智能国家战略。

丹麦于 2018 年 1 月发布《丹麦数字技术增长战略》,旨在使丹麦成为数字革命的领导者,并为所有丹麦人创造财富,促进丹麦发展。该战略并非完全着眼于 AI 的发展,而是侧重于 AI、大数据、物联网的共同发展。报告一共概述了 38 项新举措。主要举措包括创建丹麦数字枢纽中心(公私合营的数字技术集群)、发布《中小企业:数字技术计划》(支持丹麦中小企业数字转型的协调计划)和《技术契约》(促进数字技术的全国性倡议)。政府还宣布了进一步开放政府数据、试验监管沙盒以及加强网络安全的举措。

亚洲诸强

日本是举世公认的机器人大国,也是较早发布人工智能国家战略的国家。日本首相安倍晋三于 2016 年 4 月宣布成立日本人工智能技术战略委员会,以发展研究和发展目标以及人工智能产业化的路线图。该委员会有 11 名成员,分别来自学术界、业界和政府,包括日本科学促进会主席、东京大学校长和丰田董事长。2016 年 7 月日本政府发布了《日本下一代人工智能促进战略》,2017 年 3 月发布《人工智能技术战略》,将 AI 设想为一种服务,该战略将这个框架应用到日本《社会 5.0》倡议的三个主要领域:生产力、健康和流动能力,并勾勒出了实现工业化路线图的基本轮廓。这些政策包括在

日本机器人专家石黑浩和他制造的仿人机器人

研究与开发、人才、公共数据和创业公司上的新投资。

2019年7月，日本软银集团CEO孙正义在一次活动上表示："在当今最重要的技术革命——人工智能方面，日本已经沦为一个发展中国家。"虽然软银的科技投资基金愿景基金（Vision Fund）已投入数百亿美元押注于世界各地的科技初创企业，但其投资目标更倾向于美国、中国和印度等国家的公司，而忽略了日本公司。孙正义还表示，日本几乎没有一家公司可以称为全球一流的"独角兽"。

韩国围棋世界冠军李世石不敌AlphaGo给韩国造成了极大刺激。比赛结束仅仅两天之后，韩国政府就公布要在未来五年投资1万亿韩元支持AI研究。两年之后，韩国政府又公布了一项新的五年计划，要投资2.2万亿韩元加强该国的AI研发。该计划共分为三个部分。第一部分是确保AI人才供应，到2022年，政府将创设6个AI研究院，旨在培训5000名AI专家（1400名AI研究员和3600名数据管理专家）。此外，政府还公布了一个600人的AI培训计划，旨在满足短期内的 AI 人才需求。第二部分是 AI 技术开发。政府将资助国防、医疗、公共安全方面的大型项目，并将开启一个与 DARPA 类似的 AI 研发挑战。第三部分是 AI 基础设施投资，用于支持 AI 初创及中小型企业的发展，包括 2029 年前创建一个 AI 半导体和一个面向 AI 的创业孵化器，以支持新兴 AI 业务。

2019 年 11 月 1 日，韩国科学技术信息通信部部长崔起荣接受《东亚日报》专访时表示，韩国的人工智能产业虽比美国和中国落后了 2 年左右，但由于韩国半导体等 AI 基础产业实力雄厚，未来若把握机遇，利用硬件优势实现半导体和 AI 产业的融合，韩国赶超领先国家仍有很大机会。韩国还将组建被称为"DNA"（即数

李世石与 AlphaGo 之战

据（D）、网络（N）和AI（A））的新产业部门，投资1.06万亿韩元用于数据的生产、流通和应用，以及AI生态系统的构建和利用；加大向5G移动通信公共领域、产业基础等方面的投资。

新加坡于2017年5月发布《新加坡人工智能战略》，这是一项历时五年、投资1.5亿美元的国家计划，目标是增强新加坡的AI技术实力，涉及6个不同组织的政府层面合作关系。该计划由4个关键倡议组成。第一，基础AI研究投资能为《新加坡人工智能战略》其他支柱做出贡献的科学研究。第二，重大挑战支持能为新加坡和世界面临的主要挑战提供创新解决方案的多学科团队的工作。目前该计划聚焦健康、城市方案和金融。第三，100个实验投资可扩展到工业界问题中的AI解决方案。最后，AI学徒期是一个9个月结构的计划，将在新加坡培养新一批AI人才。2018年6月，新加坡政府宣布《AI治理和道德的三个新倡议》。原则上，AI和数据新咨询委员会将帮助政府发展AI道德的标准和治理框架。

2019年11月，新加坡副总理兼财政部长王瑞杰宣布了一项为期11年的国家级的人工智能战略，政府拨款5亿新元（约合25.8亿元人民币），计划在2030年之前，在交通物流、智能市镇与邻里、医疗保健、教育以及保安与安全的五大领域里，大力推动人工智能科技的采用，以促进经济转型并改善人民的生活。

印度具有和中国体量相仿的人口规模和市场规模，在信息技术人才储备方面也具有雄厚的基础，从战略上来说，印度希望把自己建成一个"人工智能库"，也就是说，如果一家公司能够在印度部署AI，那么它将适用于其他发展中国家，这种战略对印度而言可谓十分适用。

印度国防部长拉吉纳特·辛格

  2018年6月,印度出台了《人工智能国家战略》,其重点是印度如何利用人工智能这一变革性技术来促进经济增长和提升社会包容性,寻求一个适用于发展中国家的AI战略部署,并可在其他发展中国家复制和推广。明确了人工智能技术的五大重点应用领域,包括医疗、农业、教育、智慧城市和基础设施、交通运输。印度政府认为有必要将人工智能提升到战略治理工具的高度,在长期必将对维护国家稳定和保卫国家安全发挥重要作用。基于此,印度政府将着力构建国家智能网格平台,连接政府业务和公民数据库,并通过建立多个稳定的机器学习架构来填补国家安全和公民利益的漏洞,积极打造一个基于人工智能平台的国家安全智能基础设施。

  2019年11月4日,印度政府组织了一场由80多个国家特使参加的圆桌会议,期间印度国防部长拉吉纳特·辛格(Rajnath Singh)称区块链、人工智能和大数据将会是未来的必备技术。他认为,随着战争从空中、陆上和海上的交战转移到网络空间和太空领域,每个国家都需要研发区块链、人工智能和大数据技术。

中国道路

经过多年的持续积累，我国在人工智能领域取得重要进展，国际科技论文发表量和发明专利授权量已居世界第二，部分领域核心关键技术实现重要突破。语音识别、视觉识别技术世界领先，自适应自主学习、直觉感知、综合推理、混合智能和群体智能等初步具备跨越发展的能力，中文信息处理、智能监控、生物特征识别、工业机器人、服务机器人、无人驾驶逐步进入实际应用，人工智能创新创业日益活跃，一批龙头骨干企业加速成长，在国际上获得广泛关注和认可。加速积累的技术能力与海量的数据资源、巨大的应用需求、开放的市场环境有机结合，形成了我国人工智能发展的独特优势[21]。

同时，也要清醒地看到，我国人工智能整体发展水平与发达国家相比仍存在差距：缺少重大原创成果，在基础理论、核心算法以及关键设备、高端芯片、重大产品与系统、基础材料、元器件、软件与接口等方面差距较大；科研机构和企业尚未形成具有国际影响力的生态圈和产业链，缺乏系统的超前研发布局；人工智能尖端人才远远不能满足需求；适应人工智能发展的基础设施、政策法规、标准体系亟待完善[22]。

21、22. 国务院：《关于印发新一代人工智能发展规划的通知》，2017年。

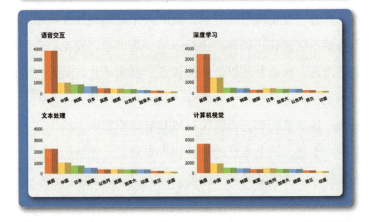

中美人工智能高端人才差距[23]

---

23. 中国人工智能学会：《2018人工智能产业创新评估白皮书》，2019年。

		中国	全球领先地区
数据		拥有全球最大规模移动互联网用户	用户更加看重个人隐私
		中国已经推出国家标准《信息安全技术个人信息安全规范》，严格程度低于GDPR	欧洲政府出台GDPR从政策层面划分数据使用权与所有权，美国可能即随其后
硬件	芯片	中国控制着几乎一半的市场价值，在高端芯片领域严重依赖进口	日本是半导体材料、高端设备和特殊半导体的重要产地
		在半导体设备、材料、制造环节等方面落后	韩国在高带宽存储器和动态随机存储器市场居于绝对的领先地位
	机器人	与世界先进水平差距较大，核心技术依赖进口	日本机器人技术仍处于世界前列
		缺乏原创	欧美和日本则掌握了上游位置的高端芯片涉及的技术
技术	NLP	92家NLP企业	美国252家企业
		融资122.36亿元	美国融资134.67亿美元
		6600名员工	美国拥有20200名员工
	机器视觉	146家企业	美国190家企业
		融资158.30亿元	美国融资73.20亿美元
		1510名员工	美国拥有4335名员工
	语音识别	36家企业	美国24家企业
		融资30.87亿元	美国融资19.31亿美元
应用	无人驾驶	中国在汽车传感技术、AI硬件与软件、互联技术V2X与无人驾驶测试方面呈现全面追击的态势	美国拥有深厚的技术沉淀
			美国在软件和硬件方面领先优势明显，呈现三足鼎立（NVIDIA、INTEL和IBM）的状态；软件方面则以谷歌最为突出，更依赖于基础技术本身
	人工智能教育	人工智能技术在中国的应用则是近几年刚起步，仍然处于发展的初期，以To C为主	人工智能技术在教育行业的应用在国外的发展更早
			人工智能教育产品在欧美国家的渗透程度更深，其中美国与欧洲发展更为完善，并取得显著成效
			发挥教学辅助作用，无法完全取代教师作用

中国人工智能与全球领先地区对比

德勤 2019 年 10 月发布的《全球人工智能发展白皮书》认为，中国人工智能产业发展迅速，2019 年人工智能企业数量超过 4000 家，位列全球第二，在数据以及应用层拥有较大的优势。然而在基础研究、芯片、人才方面的多项指标上仍与全球领先地区有一定的差距。

需要指出的是，德勤将我国人工智能各个细分领域与全球所有领先国家进行对比，而不是进行一对一的国别对比，既不具有学术上的严谨也不具有产业上的实用性，因为在全球化产业链和创新链大分工的当今时代，不可能有哪个国家在所有领域都是世界第一。但不容否认的是，我国人工智能确实存在着明显不足甚至是"命门短板"，不但可能成为制约经济社会发展的因素，也有可能成为军事行动中的重大隐患，中国的人工智能道路唯有更加理性更加务实，才能"蹄疾步稳"。

1.4 小结

> 一个新的科学真理取得胜利，不是通过令其反对者信服，而是通过这些反对者最终死去，熟悉它的一代成长起来。
>
> —— 普朗克

身处当前的人工智能热潮之中，我们回顾历史展望未来。人类的智慧究竟是什么？人工智能又到底能做什么？这些基本的问题可能永远也无法得到精确的回答，自然科学中大多数逻辑推理的起点都是从一些无需解释的公理开始的，而哲学社会科学中的常识性概念，也大都无需准确释义，这正是人类智慧的独特之处：人类在认识世界和改造世界时总会从复杂的事物中寻找简单的规律、从模糊中求取精确。

说概念固然不易，要想直接实现图灵的"像人"也极为困难，以至于科学家们数次在争吵中改变甚至停止自己的研究路径，人工智能大潮的每一次涨落，几乎都伴随着不同的"主义"的兴衰，由此可见其复杂性和困难性。在数次潮起潮落中，知识的力量日积月累，深度学习终于凭借数据和计算力的帮助，让机器展现出令人叹为观止甚至是令人惊慌失措的智能水平。但过往充满起落的探索之路应该令我们保持警惕，这会不会是又一次衰落的先兆?

吴曼青院士认为,未来世界的技术将呈现出"网络极大化、节点极小化"的基本特征,即无所不在的网络,将实体空间、虚拟空间融为一体,人、机、环境甚至人的意识皆被网络连接,虚拟空间和实体空间将因此统一于信息,它们是"空间"概念的一体两面,是不可分割的,"空间"被感知、控制的基础则是"空间"被人的意识"信息化"。另一方面,随着人类技术的不断演进,作为网络节点的各类客观实在,将呈现出越来越小的发展趋势,纳米将成为技术实现的基本尺度,微系统将成为功能实现的基本单元。吴院士认为未来世界的繁荣将集中体现在更加深入的智能,这种智能不仅仅是传统意义上生物智能的逻辑化和符号化,也不仅仅是人工智能的精确化和拟人化,而是人、机器、社会同在回路的群体性智能、体系性智能,我们将不再只是"站在巨人的肩膀上",而是"站在全人类的智慧深处"[24]。

对于人工智能技术层面的描述,本书仅仅算是开了个头,关于人工智能技术体系内部那些迷人的细节,笔者无力也无意继续深入探讨,有兴趣的读者朋友们可以选择更为专业的技术书籍来加深了解。在后续的章节中,我们重点探讨军事体系和技术体系的作用关系。

当然在此之前,还需要对军事体系进行一下简单梳理,这是因为任何一项技术既具有其作为工具的便利性,也必然会带有局限性。杨绍卿院士提到过这样一个故事:一条生产香皂的自动生产线,为了把漏装香皂的包装纸盒拣出来,专家们花了上百万元研制了一套智能设备;而一个工人花了几百元钱买了一台风扇放在生产线的相应位置吹掉了全部空盒,与智能设备起到了同样的作用。

---

24. 李睿深:《科技预见未来》,电子工业出版社,2017。

可见，很多时候我们更需要从问题出发去寻找技术工具，而不是从技术出发去寻找应用场景。军事智能也是如此。

网络无处不在

第 2 章
军事智能

> 一旦技术上的进步可以用于军事目的并已经用于军事目的,它们便立刻几乎强制地,而且往往是违反指挥官的意志而引发作战方式上的改变甚至变革。
>
> —— 恩格斯

2.1 战争的智慧

> 没有不用军事计谋的战争。
>
> —— 列宁

军事与科技的关系向来紧密，人工智能技术也不例外。真正的颠覆性军事技术，其重要意义必定远超技术层面，甚至直达战争的最深层。本节将从战争的根源讲起，探讨军事与技术的互动问题；随后将畅想一下未来人工智能加持下的战争面貌；本章将对本书最重要的概念"军事智能"做出交待。

人类为何而战

人类是否天生好战？人类究竟从何时起有了战争？人类为何发动战争？这些问题始终困扰着史学家和军事学家。中华文明史上最早的一场战争，据传是公元前26世纪左右发生的黄帝与炎帝坂泉之战，《史记·五帝本纪》对此有所记载。

有人做过一个有趣的统计，人类有记载以来的近4000年时间里，只有329年没有战争，仿佛人类天生就

是嗜血成狂的战争动物。但如果把"露西少女"南猿骨架作为人类最早出现的明证,那么数千年的"战争史"在超过300万年的人类史上实在微不足道。即便是按照150万年前的爪哇人或者5万年前的克洛玛侬人来看,战争对于人类而言,也不能算是一种与生俱来的天性。

耶路撒冷的考古发现

那么人类究竟为何要发动战争?毫无疑问,战争给人类带来巨大的伤害,但它带来的收益同样是巨大的,"古代部落对部落的战争,已经开始蜕变为在陆上和海上掠夺家畜、奴隶和财宝而不断进行的抢劫,变为一种正常的营生。"[25] 战争极大加速了原始社会的解体和奴隶社会的形成,随着阶级的出现,战争变成了政治的工具、阶级斗争的最高手段。阶级压迫和经济利益的冲突成为发生战争的基本根源。

鉴于战争的巨大威力,及其对人类社会的巨大效用,人类必然会将最先进的理论、最先进的技术和工具、最优秀的人和最高级的智慧投入战争实践和战争研究。2500多年前的《孙子兵法》,是举世公认最早的军事著作,其对战争的深刻阐释时至今日仍然闪烁着不朽的光辉,甚至已经成为社会生活方方面面的行动指南。古今中外诸多军事著作中,不乏对新技术和新装备与战争关

---

25. 马克思,恩格斯:《马克思恩格斯军事文集》,战士出版社,1981。

系的深入探讨，阐明先进技术和武器装备的引入，一定会赢得军事上的优势，进而取得战争的胜利。即便是新技术不能成为战争中的制胜因素，但"工具优势等于军事优势"的判断已是军事家们的共识。如"装甲兵之父"富勒就曾经说过："只要找到合适的工具或武器，胜利就有了九成九的把握……相较于武器方面的优势，战略、指挥、领导力、勇气、纪律、补给、组织以及所有为战争而作的精神和物质准备都是微不足道的，它们对胜利的贡献至多只占百分之一。"[26]

在这种"技术崇拜论"驱使之下，有专家甚至直接以技术概念为战争冠名。如20世纪末兴起的"战争划代"理论，将人类战争史，依据使用技术和装备工具的不同，简单地划为四代（美国，1989）或是六代（俄罗斯，1999），不但大大削弱了军事组织和军事谋略在战争中的地位和作用，更是将"制胜因素"简单归因于技术和

26. 马克斯·布特（美国）：《战争的革新——1500年至今的科技、战争及历史进程》，美国企鹅出版集团，2006。

美国空军研究实验室《空军2030：召之即来》未来空中作战构想视频

装备的运用。笔者斗胆请各位暂时先从这种简单逻辑中抽离出来,从一个基本推论开始讨论:

尽管随着技术的发展,人工智能的军事应用似乎是不可避免的,但人工智能技术在军事上的运用,并不必然导致军事行动的胜利,也不一定会令所有不同类型的军队,在所有类型的战斗中赢得优势。

(推论2:应用效果)

之所以要从推论2开始,是因为这是理性讨论的必须。在当今喧嚣浮躁的人工智能热潮中,应当先回归战争的本质和技术的本质,站在一个中立视角来开始思考,而不是预设一个无比美好或是可怕的结论。后文将通过梳理人工智能技术及其军事运用对未来战争的影响,构建颠覆性技术与战争相互影响的作用机制,以便更理性、更客观地理解战争以及战争中的颠覆性技术。

未来集成信息和决策空间

变革还是革命

从马镫马鞍到蒸汽机,从火药火炮到核武器,从指南针定向到信息技术,人类史上每一种颠覆性技术似乎都不会在战争中缺席,而每一种颠覆性技术都会深刻地改变着战争和军事的样貌。此种现象,有人将其命名为"军事革命""军事技术革命"或者"军事变革"。

人工智能技术作为 21 世纪一项最热门的技术,已经不可避免地应用于军事领域,并对国防军事产生重要的影响。首先就是军事学说方面,有很多军事学家甚至是技术专家,都已发展出很多"智能化战争"的学说。这些学说都认为,如果未来强人工智能技术成熟,并运用到军事领域,将对战争产生颠覆性的影响,改变战争运行机理,催生新的战争样式,促使战斗力的形成机制产生重大变革。这些新型军事学说大都采取了"站在未来看未来"的角度,直接给出"智能化战争"的未来场景,而对这一场景形成的机理则语焉不详。

如果从上文对"军事变革"的表述演变出发,可以得知所谓"军事变革"至少包括如下特征:

1. 变革是从颠覆性技术创新(特别是信息技术)及其军事应用开始的。

2. 变革是一个过程,技术创新只是起点,内容包含军事领域的方方面面,过程的终点,或是何时完成这一过程似乎尚不能明确(特别是将革命一词替换成变革之后)。

3. 变革的结果,最重要的不是比以前更好了或者更坏了,而是与以前不一样了。

> **知识链接:**
>
> **军事技术变革**
>
> 1985 年,苏联提出"军事上的革命"概念,1979 年苏军总参谋长奥加尔科夫大元帅认为即将发生"新军事技术革命",20 世纪 80 年代至 90 年代中期,美国军方常常使用军事技术革命(military technological revolution)一词来描述当时技术创新与军事互动。1992 年美国财政评估办公室完成《军事技术革命:初步评估》报告。1993 年美国智库国际战略研究中心认为军事技术革命(MTR)"除技术之外,还包括军事力量的诸多方面,是一种创新技术、军事学说,以及军事组织之间适当的组合,这种组合重塑了作战方式"。
>
> 而美国国防部马歇尔办公室后来将军事技术革命(MTR)这一术语修正为"军事革命"(RMA),将其定义为"由于技术的创新应用,以及军事学说和组织结构概念的显著变化所引起的战争性质的重大变化,这种变化从根本上改变了军事行动的本质和行为"。1999 年,美官方开始正式使用更为谨慎的"军事变革"一词来表述。
>
> 美军的"军事变革"语境中包含几个关键要素,一是快速部署和远程兵力投送,为此必须追求尽可能轻量化的武装力量;二是战场机动性特别是针对高度分散化的战场环境;三是精确制导和远程打击;四是联合行动,为此应构建高度一体化的军事信息系统。[27]

---

27. 埃莉诺·斯隆:《军事变革和现代战争》,电子工业出版社,2016。

据此我们可以梳理出颠覆性推动军事变革图式：

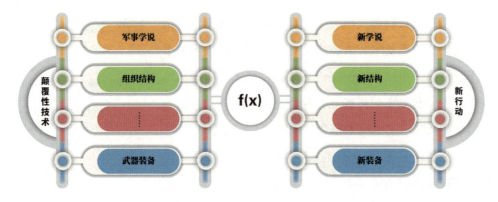

技术驱动军事变革

不难发现，这是一种从技术角度出发的"技术驱动论"思想，但这种思路是否经得住实践检验还有争议。美国兰德公司曾发布过一份《美国空军创新六个典型样本研究》的报告，深入分析了二战以来美国空军半个多世纪的创新历程，得出的第一条启示就是空军创新始于战略。"一般认为技术变化是军事创新源泉，但研究发现，空军重大创新一般始于对重要战略性作战问题的识别与表述。"[28]

本书既不偏向技术决定战争的"技术决定论"，也不偏重需求决定创新的"战场决定论"，所以笔者用一个黑箱函数来表征变革的关键过程，是因为本书讨论的重点，并不是为了讨论变革过程中蕴含的要素、反馈关系和作用机理等复杂性问题，而是为了能够更好地理解人工智能对军事的影响。故而对其做出简化处理，当然本书会涉及其中部分问题，将在相关章节详细讨论。

技术和战争的关系问题是本书极其重要的研究背景，虽然这一命题本身超出了本书的讨论范畴，但作为

28.（美）Adam R. Grissom 等：《美国空军创新六个典型样本研究》，国防工业出版社，2018。

本书后续讨论的理论基础，在此需要对笔者的认识基点做一简单罗列：

1.技术体系和军事体系是彼此独立的两个体系（尽管其中有重叠的部分），可以彼此剥离而不影响自身的存续。

2.技术体系和军事体系内部的矛盾是决定其发展和演进的核心动力，相互之间的影响可以在很大程度上改变其进程，但不是决定性因素。

3.技术体系对军事体系的影响，既有促进的也有阻碍的。进一步讲，技术体系对军事体系的影响具有各种可能和方向。

（推论3：技术与军事）

开弓没有回头箭

军事技术上有一个有趣的现象，那就是每当一方将颠覆性技术运用于军事，可能使自己获得巨大的军事优势，进而引起对手的恐慌，并通过研制新的技术对其进行反制，进而陷入你追我赶的技术压制与反压制的循环之中。如人类发明飞机后很快将其投入军用，极大程度地改变了军事力量平衡；为了对抗飞机，人类又发明了雷达，极大地限制了飞机的作战效能；但隐身飞机发明后，天平再次失衡，于是人类又开始寻求反隐身技术……

军事技术的这个矛盾相长、交替演进的现象，是军事技术创新与一般意义上技术创新的重大区别之一，也是军事技术体系演化发展的核心动力之一。但在这一点上，人工智能技术与以往的军事科技创新又有着很大不同：人工智能对于武器装备是一种泛在赋能技术，一架

未来战争什么样

飞机在其他条件不变的情况下,可能仅仅是加入一段程序,改变一种算法,就变得不一样了,这就是人工智能的魅力。就像大猩猩和人类,基因差别可能仅仅是1%,但在物种上却有巨大差别。更为重要的是在智能化条件下,决定战场优势的也不再仅仅是具体兵器在传统意义上的先进性,而是海陆空天一体化的系统完备性及其智能化程度。而从技术层面上看,人工智能技术作用于武器体系后,其能力生成规律也在演变:

一是武器能力终身学习。过去,武器的战斗力在武器完成交付时就已基本成型。而人工智能武器的战斗力形成却是永不止步的,作战训练将贯穿装备的整个研制与使用周期。在实验室阶段,人工智能装备就需要结合使用者的技术能力、身体素质、使用习惯等不断磨合。在投入作战使用后,根据战争实际情况,根据作战数据的积累和在执行任务、实际作战中不断调整，装备战斗力在全寿命周期中不断提升。

二是机器之间互相学习。智能化战争的军事训练由于有了自主学习系统而变得不一样。学习系统可以使机器能够互相学习，能力呈指数形式增长。例如，美军将训练具备高度网络化能力的无人机和导弹加入战争模拟，这些无人机和导弹将彼此联系，相互学习，进而实现目标并形成新的防御策略。战场上的每台机器与人类以及深入学习程序之间相互沟通，彼此促进，使作战能力快速提高。

三是平战一体常态作战。人工智能的强大能力，一方面依赖于装备在平时不断学习和数据积累，依赖于在战时迅速升级、及时应对各种变化；另一方面也来源于人类指挥员和战斗员，在平时的不间断备战，将战时遂行任务变成了平时备战的"复盘"。人机共融的智能武装力量，将使平时的"料敌未动"与战时的"运筹帷幄"成为一体之两翼、驱动之双轮，而居于之间推动战争不断演进的，正是智能技术及其应用。

四是人机协同混合编组。短期内，智能装备还无法实现完全的自主性。因此，人机协同作战便成为最好的选择，既能弥补智能装备在未知环境中进行独立和复杂判断能力的不足，又能减少人员的投入和致命威胁。在对抗的环境下，由于指挥控制受限，需要很强的自主判断能力，有人系统更有优势；在非对抗环境下，智能系统将占据主导地位。

也就是说，在人工智能技术勃兴并成为一种渗透性极强的赋能性军事技术之后，再发明一种新技术来压制它是极为困难的，至少今天人类对此毫无头绪。另一方面由于人工智能渗透到了武器装备乃至军事力量的方方面面，如果存在一种新技术能够压制它，就相当于拥有了一项压制整个军事体系的技术。这种难度和人类彻底消灭战争几乎相当。

于是就只剩下一个选择：用更加强大的人工智能来压制相对弱小的人工智能。换言之，军事对抗的内在规律变成了看谁更智能，人工智能终于走上了"左右互搏"的孤独求败之路。

人机协同作战

2.2 智能化战争

> 人员、武器、军事思想，这是一支军队的三个基本要素。
>
> —— 朱可夫

人工智能技术一定会改变武器形态，对此鲜有争议，但会不会对军事思想造成颠覆呢？诚然，历史上军事思想的发展，往往受到颠覆性技术的影响，当然也有很多其他因素，但并不是每一次军事理论创新，都能得到最终的认可，决定其命运的，终将是战争自身。

以美军为例，1991年"沙漠风暴"空中战役计划的制定者沃登基于其成功经验，提出了"五环目标论"，随后美军将其发展为"基于效果"的目标筛选法，在其拥趸的不断努力下，1999年美国空军正式宣布采用"基于效果作战"概念，其构件包括"五环目标论""平行作战论""知识中心论""决策优势论"等，美空军称其"是对知识、计划和作战都有重要意义的战争哲学"。随后"基于效果作战"被写入美军《联合作战纲要》《联合作战计划制定》等美军条令。但不到十年，美军联合部队司令詹姆斯·马蒂斯就公开声明，"基于效果作战"存在严重理论缺陷，正式放弃这一概念。

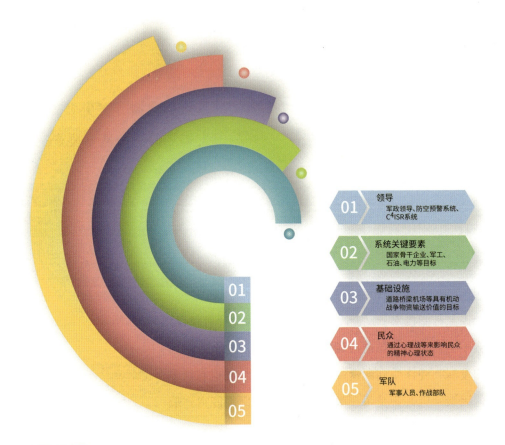

五环目标示意图

        "基于效果作战"被抛弃的根本原因,不是由于其技术上不够先进,而是它低估了作战实践中的随机性和不确定性,并与当时美军的作战实际(反恐、反游击作战)严重不符。而智能战争的模样究竟如何?这虽然是对尚未发生的未来战争进行的推测,但也不能完全脱离实际,为此本书涉及的所有"未来"的概念,除了特殊声明之外,皆是指在"通用智能"或"强人工智能"实现之前的时间,对此请读者务必注意。

制权何在

每当谈及颠覆性军事技术对战争的影响,都会先从"制权观"上谈起,因为战争形态的演进最容易从"制权观"上得到反映。如机械化战争,战场的优势取决于"制海权""制空权";信息化战争则通过夺取"制信息权""制天权"主宰战场;如果未来的战争是智能化战争,那么很多人就会顺理成章地得出结论,谁掌握"制智权",谁就能掌握战场优势。

但我们仔细考察一下"制权观"的发展历史,再比较一下"制海权""制空权""制天权""制信息权"等概念的内涵会发现它们有几个共同点:

1. 取得制权的对象,是对某一特定空间或作战域的控制;

2. 取得制权的标志,是能确保己方可在此作战域自由行动,并剥夺敌方在此行动的自由;

3. 取得制权的目的,是令己方在这一作战域对敌方具备绝对统治力,使得己方可以顺利达成作战目的,而敌方无法做出有效反制。

(推论4:制权之争)

现在来看"制智能权":首先,"智能空间"是什么?知识体系、意识形态、是网络信息空间还是社会文化?我们发现制智能权的前提并不清晰。其次,获得制智能权的标志又是什么呢?是令敌方停止思考甚至变成植物人么?是令敌方接收不到任何信息、无法做出决策么?是令敌方的思想全部按照我方的意愿思考么?这种目标能通过战争实现么?最后,如果制智能权的结果是完全禁止对方的智能,即所谓的"思想认同",那是不是意味着哲学、政治、心理学和军事都已经没有实质性差别了呢？社会中正常的思想交流、教育活动、文化艺术，是否都应被视为战争呢？

战争制胜因素

由此可见，制智能权就和人工智能的概念定义一样，目前处于说不清道不明的状态。其中一个重要原因，就在于迄今为止还没有发生过一起真正意义上的智能化战争。克劳塞维茨的青年时代几乎都在战场上度过；马汉提出"制海权"概念的时候人类已经积累了千年海战史，而杜黑的《制空权》也建立在第一次世界大战中约 10 万架次的空中行动基础上。以此看来，让从未打过智能化战争，甚至从未见过智能化战争的军事家们精确刻画制智能权的内涵，显然是十分困难的。

尽管如此，科学家和军事家并不会因此停止对智能化战争的探究，一个有趣的现实是，虽然对智能化战争的制权懵懵懂懂，但大家对如何制胜却似乎很有把握：机械化战争主要体现在以能量制胜，信息化战争则表现为以信息制胜，而智能化战争重在以智能制胜，其智能化的程度是决定战争胜负的关键。

在不清楚制智能权为何物的情况下，探索如何赢得智能化战争，这与科学家们绕开何为"智能"而直接试图实现人工智能何其类似！不同的是，科学家们的探索所需付出的代价，没有战争那么大。

人机共生

人与装备的关系问题，是军事史上又一颇具争论的话题，本书的第二个逻辑主线正是人与机器的关系问题（第一个是技术与战争的关系问题）。笔者认为，未来的智能化战争必然是人与机器相互融合、共存共生的战争，当然也有专家认为，未来的战争是完全意义上的"无人化"的战争，是一场不用人类参与的战争。对此本书

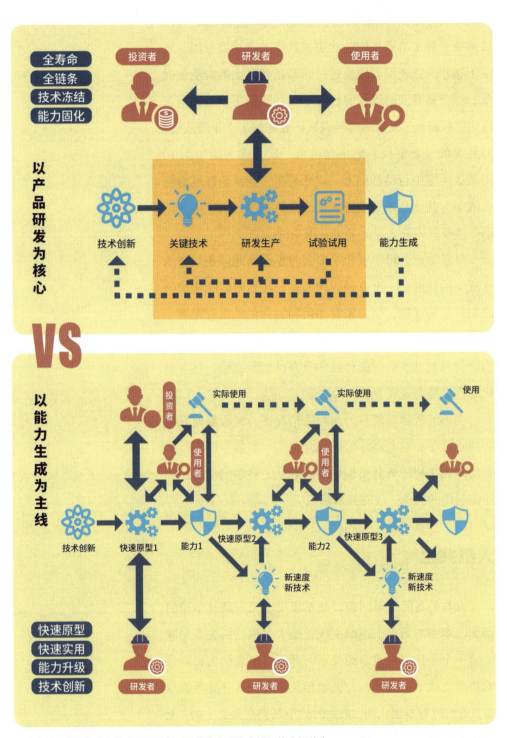

"以产品研发为核心"的人机互动与"以能力生成为主线"的人机共生

后续章节会有很多回应，在此只用一个简单推论来表达笔者的意见：

如果"战争是政治的延续"，那么战争中永远离不开人，因为没有人就没有政治；而如果机器也具有了政治属性，那就要对人的哲学含义进行扩充，将机器也纳入人的范畴，于是战争中还是离不开"人"。

（推论5：战争无人）

未来智能化战争中，机器与人的结合只会越来越紧密，而不是相互排斥相互驱离，人工智能技术扩展了人类的体能、技能和智能，有人-无人平台协同作战为了完成共同任务目标，有人作战平台对无人机资源分享控制而建立的一种共生型作战关系。诚如李业惠教授所指出的，从人机交互到机器懂人，再到人懂机器，未来战争必将发展到人机共生的阶段，也势必将经历一个"以产品研发为核心"的人机互动，向"以能力生成为主线"的人机共生转变的过程。

跨域联动

颠覆性技术对战争的影响，最直接的反映就是作战样式的变化。飞机的发明创造出了空战，舰炮的发明使得海战告别了接舷战，火枪的大规模应用使得步兵方阵成为自杀式战法。人工智能技术也是如此，由于其泛在性、使能性和渗透性，它对作战样式的改变集中体现在"跨域联动"上。空海联动、空地联动已经不足以描述智能化作战样式，在网络信息体系支撑下的智能化作战，必然是以信息域为铰链，陆海空天协调联合的一体化行动，而贯穿感知环节、决策指挥环节、行动环节乃至整

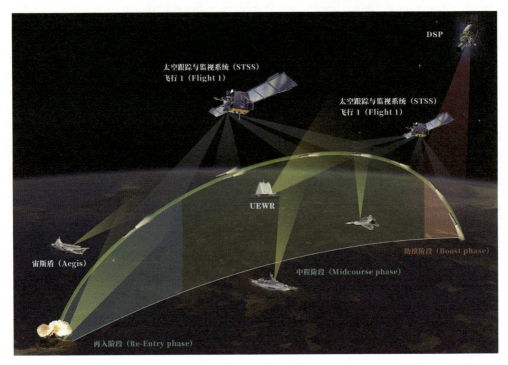

以目标为中心的跨域作战

个行动全程的,将是人机协同、跨域联动的智能化作战样式。

历史和现实都告诉我们,如果一支军队在规模结构和力量编成上落后于时代,落后于战争形态和作战方式发展,就可能丧失战略和战争主动权。随着人工智能技术的应用,军队的规模结构和力量编成将发生重大变化,将向智能化、信息化、机械化融合发展。诚如戴斌教授所指出的,未来军队的基本要素极有可能超越朱可夫所断言的"人员、武器、军事思想"三要素,进化为"人员、智能武器、算法、军事思想"四元结构。笔者以为未来智能化作战的武装力量编成将更加注重的是"知识结构"而非装备结构。

2.3 军事智能技术

> 机器人技术革命的赢家不是第一个开发这种技术的人,甚至也不是拥有最尖端技术的人,而是最会利用它们的人。
>
> —— 保罗·斯查瑞

军民有别

在各种新闻媒体甚至影视文学作品中经常会提及军事智能,如机器人技术、语音识别与自然语言理解、机器视觉与图像理解、专家系统、目标自动识别、智能机及智能接口、武器精密控制与灵巧武器、无人驾驶等。这些技术看起来彼此之间相去甚远,但似乎又都只是"数据+算法+算力"的不同应用。2018年1月,俄罗斯国防和外交委员会发布《军事领域的人工智能》,在对当前混乱不堪的表达进行了批判之后,将人工智能的军事任务归结为4个方面:信息任务、经济任务、战术任务和战略任务。

如前所述,本书所谓的人工智能就是"围绕特定任务,在环境感知、决策判断和行动等方面实现一定自主能力的技术,以及包含这种技术的硬件系统或人机复合组织"。由此结合军事学的相关概念,可以给出本书"军事智能技术"的定义：为了实现某一军事目的，在环境感知、决策指挥控制、作战行动等方面实现一定自主能力的技术，以及包含这种技术的硬件系统及人机复合组织。

为了便于理解与分析，本书按照智能环境感知、智能指挥决策、智能行动三个维度来理解军事智能技术，并根据每个维度的不同特点进一步细分。当然这种划分只是为了叙述方便，并不具有学术意义上的严谨性。

军事智能简图

可以看出，智能化感知重点要解决的是人与环境的关系，即人如何更加透彻地感受和理解环境；而智能化指挥重点是要处理人与人之间、机器与机器之间以及人与机器之间的协同和组织问题；到了行动环节，重点则变成了如何与对方的军事体系进行对抗的问题。

军事智能技术作为一种渗透性、泛在性很强的技术，是一种全面改变军事面貌的"使能性"技术。它与民用领域的人工智能技术存在着显著的差异，从应用的角度看，以下几个方面差异尤为明显：

	第三波 AI（商用）	军事智能技术
数据	富集	稀缺
	高质量	质量差
环境	友好	恶劣
	时间不敏感	时间敏感
场景	先验信息丰富	先验信息匮乏
	重复	不重复
对抗	黑客	敌人
	合作为主	对抗为主

随着军事智能的迅速发展，军事应用上的特殊性越来越迫切地要求人工智能在技术路径和研究重点上进行变革；另一方面，深度学习固有的种种缺陷在更为广泛的应用场景下越来越明显，于是科学家们又提出了多种优化的技术路径，其中无监督学习、迁移学习和生成式对抗网络就是其中的典型代表。

> 知识链接：
>
> ### 无监督学习、迁移学习、生成式对抗网络
>
> 深度学习是一种高度依赖数据的人工智能技术，但在实际中训练数据往往非常有限，如在军事领域，数据不足的问题将是一种常态，为了克服深度学习在数据稀缺时的无效化问题，无监督学习和迁移学习应运而生。
>
> 无监督学习（unsupervised learning）的设计思想不是告诉计算机怎么做，而是让它（计算机）自己去学习怎样做。因此无监督学习可以没有训练集，只依靠一组数据，在该组数据集内寻找规律；有监督学习的方法就是识别事物，识别的结果表现在给待识别数据加上了标签，因此训练样本集必须由带标签的样本组成。而无监督学习方法只有要分析的数据集的本身，预先没有什么标签；如果发现数据集呈现某种聚集性，则可按自然的聚集性分类，但不以与某种预先分类标签对上号为目的；无监督学习方法在寻找数据集中的规律性，这种规律性并不一定要达到划分数据集的目的，也就是说不一定要"分类"。
>
> 迁移学习的思路则是，通过从已学习的相关任务中转移知识来大幅降低新任务的学习难度，这种模式对人类来说很常见，例如人类可以通过学习识别苹果可能有助于识别梨，或者学习弹奏电子琴可能有助于学习钢琴。大多数机器学习算法是为了解决单个任务而设计的，而迁移学习的目的就是设法把切水果的算法能够稍加适应就变成砍树的算法。
>
> 生成式对抗网络（generative adversarial networks，GAN）是一种深度学习模型，是近年来复杂分布上无监督学习最具前景的方法之一。该模型通过框架中（至少）两个模块——生成模型（generative model）和判别模型（discriminative model）——的互相博弈学习产生好的输出。

三条道路智能化

与其他技术一样，军事智能技术的发展路径也是具有其特定规律的一个过程，以当前阶段的人工智能发展情况而言，其在军事上的应用大致可以分为自动、自主、自治三条路径。

所谓自动，就是在满足某种特定条件下，机器可以按照人类预先设定的程序或者规则自行完成某项任务。本书所指的自动，是指包含了计算机程序的机器，而不是水车、蒸汽机这样宽泛意义上的自动机器。我们今天生活的世界是一个充满着自动机器的世界，比如每天出行都要依赖的汽车、煮饭用的电饭煲等，随处可见的自

动售卖机……有相当一部分专家反对将自动机器视为人工智能的一个部分，认为这样做会无原则地扩大人工智能的外延，也有专家认为自动化是智能化的初级阶段，是具有起点意义的有机组成。出于技术连续性的考虑，本书将其视作武器装备由机械化向智能化演进的一个过渡进程。

所谓自主，相较于自动的最大不同在于它只需要接受人类发出的任务目标信息，也就是"做什么"，至于怎么做的问题由机器自己搞定。毫无疑问，自主机器具备了一定的感知能力、决策能力和执行能力。它们不像被动式机器那样进行机械或预先设置的响应。以无人机为例，其自主性就是衡量其能力的重要指标，美国把无人机的自主性按级别划分为10级。数字越大代表自主性越强，见下图。

自主控制级别

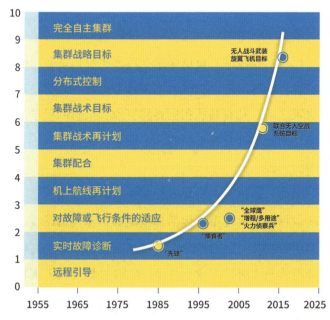

美军无人机自主性分级标准

> **知识链接：**
>
> **制导弹药**
> **——自动化武器的巅峰**
>
> 制导弹药的使用，改变了现代战争的作战样式。在中东战争、海湾战争、科索沃战争等局部战争中，各种制导弹药取得了令人瞩目的作战效果，从航空炸弹到制导子弹，从鱼雷到制导炮弹，制导弹药的强大作用日益彰显。以至于大大抵消了传统作战中的兵力规模优势，以少胜多、以精胜多的现代战争样式逐步显现。
>
> 制导弹药的智能化是当前的重要发展趋势，如LRASM远程反舰导弹被美国海军称为"人工智能"导弹。LRASM在自主感知威胁、自主在线航迹规划、多弹协同、目标价值等级划分、目标识别等方面的智能化水平极高。其空射版已经于2018年首先列装于美国空军第28轰炸机联队。又如NSM隐身反舰导弹号称"全球唯一第五代反舰导弹"。2018年6月，美军宣布其LCS濒海舰和FFGX新型护卫舰将使用这款导弹。NSM的自动任务规划可根据战术要求和操作员设定的战术标准在几秒钟内自动生成飞行路线；而人工任务规划模式下操控人员可修改自动任务规划生成的航线，或从头开始规划飞行航线，操作员定义水平轨迹草图，系统自动生成立式轨迹图线，并可预置多达200个地平面锚点。
>
> 而据俄罗斯官方报道，其P-500"玄武岩"导弹、P-700"花岗岩"导弹、P-1000"火山"导弹都已经具备了集群作战的能力。

当然，对于自主有很多不同的看法，比如新美国安全中心就认为应当从三个维度来看待自主性：一是任务的类型；二是人机指挥关系，可分为半自主、监督自主、全自主；三是机器的复杂度，可分为"自动的"（automatic）、"自动化的"（automated）和"自主的"（autonomous）。

所谓自治，指的是机器能够对环境的变化做出感知，并能够据此做出决策时学习和适应，并为此调整自身的行动。如在交通领域，自动驾驶车辆具有让驾驶员和车辆知道即将到来的拥堵，坑洼，公路建设或其他可能的交通障碍的能力。车辆可以利用路上其他车辆的经验，而无需人类参与，并且它们实现的"体验"马上可以完全转移到其他类似配置的车辆。它们先进的算法，传感器和摄像头融合了当前操作的经验，并使用仪表板和视觉显示屏实时显示信息，以便人类驾驶员能够了解当前的交通状况和车辆状况。

每个在动态环境中交互的自治机器都必须构建一个世界模型，并持续更新该模型。这意味着机器必须能够感知世界，然后进行重建，确保计算机的"大脑"在做出决策之前，具有其所在世界的有效和最新的模型。世界模型的准确度及其更新的及时性是决定自治系统有效与否的关键。

例如，自治无人机导航相对比较明确，因为它飞行时所依据的世界模型仅包括那些能够指示优选路线、高度障碍物和禁飞区域的地图。雷达通过指示哪些高度没有障碍物来实时扩充这个模型。GPS坐标会向无人机传导需要去的地方，同时GPS坐标计划的总体目标在于避免飞机进入禁飞区或使其与障碍物碰撞。

> **知识链接：**
>
> **自动与自主的区别**
>
> 机器人如何思考？为了更好地理解人工智能的细微差别，首先要理解自动化系统和自主系统之间的区别。
>
> 自动化系统中，计算机通过一个明确的指令（if-then-else），基于规则的结构进行推理，并以确定的方式进行推理，这意味着对于每个输入，系统的输出总是相同的。自主系统是一个在给定一组输入条件下进行概率推理的系统，这意味着它可以在给定传感器数据输入条件下，对最佳可能动作过程进行猜测。与自动化系统不同，当给定相同的输入时，自主系统不一定每次都产生相同的行为输出，而是会产生一系列行为。

自治系统的工作原理

相比之下，无人驾驶汽车的导航更加困难。汽车不仅需要类似的地图测绘能力，而且还要了解所有附近的车辆、行人和骑自行车的人的位置，以及他们在接下来的几秒钟内所在的地方。无人驾驶汽车（和一些无人机）通过LIDAR（激光雷达）、传统雷达和立体计算机视觉的组合来实现这一点。因此，无人驾驶汽车的世界模型比典型无人驾驶飞机的世界模型更加先进，同时反映了操作环境的复杂性。无人驾驶的汽车电脑需要跟踪附近所有车辆和障碍物的一切动态情况，不断地计算所有可能出现的交点，然后估计其对交通状况的预判，以做出行动决定。

实际上，这种对其他司机未来行为做出的估计或猜测是人类驾驶的关键组成部分，人类能够轻而易举地通过认知来做到这一点，但计算机却需要使用很强的计算能力来跟踪所有这些变量，同时还要试图保持和更新其当前的世界模型。考虑到此问题的计算量巨大，因此，为了保持行动的安全执行时间，无人驾驶的汽车将根据概率分布进行最佳猜测。也就是会依据某种置信区间猜测哪个路径或行动是最佳的选择。自治系统的最佳运行条件应能够在环境不确定性较低的情况下完善高保真世界模型。

尽管"自动、自主、自治"的表达很容易让人感觉是描述军事智能由易到难的三个发展阶段，但在军事上它们应被视为三个不同的发展路径。这是因为引入军事智能不是为了获得更高的技术，而是为了在战斗中赢得优势，也并不是所有的战斗场景或是场景中所有的战斗单元，都需要最高程度的智慧。

换言之，某个军事单元是需要自动、自主还是自治的人工智能，是由战争本身决定的，而非技术。这个问题后续将会深入探讨。

死亡圣器

奇幻电影《哈利波特》中有一种终极武器套装，就是由"隐形斗篷、魔法石和接骨魔杖"组成的死亡三圣器，据说掌握了这三件圣器的人就可以战胜死神，从而成为死神的主人。

从军事的角度看，隐形斗篷是来去自如、进退有据的保障体系，接骨魔杖则是无坚不摧的攻击性武器，魔法石是起死回生、免于死神戕害的终极防御装备，与之相对应的，军事智能也有三件"圣器"，那就是网络信息体系、无人系统和战争算法。

《哈利波特》死亡圣器图示

网络信息体系：无网络就无智能

所谓网络信息体系，就是以网络信息系统为纽带和支撑，使各种作战要素、作战单元、作战系统相互融合，将实时感知、高效指挥、精确打击、快速机动、全维防护综合保障集成为一体，所形成的具有倍增效应的作战体系。

在体系支撑的军事行动中，战斗力不是单个装备决定的，而是整体的作战能力。这不仅体现在装备自身的协同能力，作战网络的连通性，还体现在指挥体系的效率和有效性。再向外扩展，还体现在后勤保障，整个国家的装备生产能力和补给能力。

作战体系在不同的历史阶段有不同体现。冷兵器时代，骑兵由于速度优势，士兵由于英勇善战，指挥官利用有利地形等均可能取得胜利。这是因为，双方从作战体系中获得的作战能力有限，因此前线的作战单元（指挥官、士兵、武器）等发挥了决定性的作用。在二战时期，由于有了战斗机、坦克等装备，陆军、空军之间，甚至装甲兵、炮兵和步兵之间的配合就至关重要了。它们在局部战场形成了战术级的作战体系。

到了伊拉克战争，预警机、导弹、无人机等的应用，使得体系的重要性和基础性越发凸显，这些装备基本上要依赖网络信息体系才能发挥作战能力。如没有 GPS 的体系支持，这些装备基本无法发挥工作。而对于未来智能化作战条件下网络信息体系的作用，可从以下推论理解：

1. 在未来智能化作战条件下，任何一件单体装备，必须要依靠网络信息体系发挥作用，即便是那些具备孤立信息环境中使用的智能化装备，在其能力生成过程中也无法离开网络信息体系。

2. 网络信息体系是"群体智能"形成的前提和基础，这种智能的特点是"弱个体、强群体"，意即能力孱弱的单体，可以通过群体的方式展现出极其强大的智能水平。

3. 网络信息体系的能力不是单装能力简单加成，而是具有"体系生智"和"体系赋能"的内在功能，换言之，体系对抗的重点是在体系级的智能水平和战斗力水平，而非单体装备。

（推论6：体系生智）

无人系统：不怕死就不会死

无人系统是最好的攻击性手段，估计很少有人反对这一观点。机器士兵为了任务不会吝惜自己的生命,也不会畏惧,不会疲劳,其远超人类的体力、耐力和适应力,作为冲锋陷阵的敢死队再合适不过了。

当前人工智能研究的重点之一就是具备自主行动能力的机器人:从飞机到舰艇,从车辆到仿人型机器人,战场上几乎所有的平台在理论上都可以改造为无人系统,甚至是以前很少在战场上出现的也可以变成无人系统,例如机器狗、机器鱼……

无人系统除了具备超越人类战士的机动力、耐受力、攻击力、防御力等优势外,让它在战场上替人类冲锋陷阵还具有以下三点重要意义:一是保命,人的生命是最

智能化无人作战

可宝贵的，机器人没有这个问题，它们可以为了胜利舍身一击，不会引发任何社会问题。二是省钱，大规模批量化生产的无人系统的成本之低，会令造价动辄十亿的航母、战斗机显得极为奢侈，美国正在测试的第一艘智能化无人反潜舰艇，造价仅为2000万美元，每天维护费仅1.5万~2万美元，而最新的"朱姆沃尔特"级驱逐舰造价达25亿美元，每天开销数十万美元；如果一方发射100元的无人机，对手需要用100万元的导弹打击，那么对方的战争进程将是很难维系的，胜利的天平终将青睐战争成本更加低廉的一方。三是灵活，一旦集群智能技术得到充分发展，模块化、集群化的无人系统，将以极其灵活的方式，根据作战任务形成各种作战组合，大大增加了作战力量运用的灵活性，从而大大提升战斗优势。未来的战争中，当天空中飞来一个数以千计的机群时，可能其中只有一架是有人驾驶飞机，其他均为"忠诚僚机"编队的无人机。

作为进攻利器的无人系统受到美、俄等军事强国高度重视，并已把多种无人作战平台和系统应用于实战，2007年美军就将新研制出10多种无人装备投入到阿富汗战场和伊拉克战场使用，在后续的反恐战争中，运用智能化特种部队及无人作战系统击毙了本·拉登及多名基地组织头目。俄军在叙利亚战争中利用"人机协同战术"，以一个机器人连打前锋，攻克了之前久攻不下的叙利亚754.5高地。

无人系统不但可以根据战场态势迅速做出判断，大大提高战斗效率，还可以遂行ISR、电子战、通信和空运机动等多种作战任务。2003年，日本统合幕僚会议（相当于美国参谋长联席会议）和美国太平洋战区司令

> **知识链接：**
>
> **美军无人系统和自主武器的技术重点**[29]
>
> 1. 网络战：互联网和物联网的发展，网络战将变得日益重要。
> 2. 受保护通信：适应激烈的网络战和电磁对抗环境。
> 3. 先进计算和大数据：远超出人类处理能力的数据，需要计算力和大数据技术。
> 4. 自主能力：传感器和先进计算推动下，建设自主发现、锁定和瞄准敌人的系统。
> 5. 人工智能：与人类交流、做出判断、推荐路径、自主决策。
> 6. 商用机器人：改造具有自主逻辑和控制能力的商用机器人，作为军用。
> 7. 小型化：小型高密度能源和推进系统、微型加工制造。
> 8. 增材制造：快速制造新系统、快速按比例缩放产品。
> 9. 小型高密度能量生成：提高航程、续航和载荷能力。
> 10. 电力武器：电磁武器和激光武器可有效扭转无人系统"攻强守弱"。
> 11. 人效增强：利用机器或者药物，改善人的身体技能或认知能力。

---

29. 罗伯特·沃克：《20YY：机器人时代的战争》，国防工业出版社，2016。

部联合启动了一个无人机开发项目"国家传感器平台"（NSP），将检视利用高空长航时无人平台用作海事监视用途。日本宇宙航空研究开发机构（JAXA）已从 2012 年开始着手开发可在 15 千米以上的高空续航 72 小时的无人机。目前正在加紧研发无人机的发动机和无人机搭载的监视装置。2014 年，日本政府开始革新海上监视体制。除了使用情报收集卫星对广阔海域进行监视外，还将引进可超高度长时间滞空的新型无人机。

在一些特定场景下，无人系统将发挥有人系统根本无法达成的作战任务，例如美军认为无人机对持续深入反介入区域至关重要，于是长航时、远距离、强突防的舰载无人机就成为一大发展重点；目前美军的 RQ-4 全球鹰无人侦察机已经部署到了日本，除了朝鲜因素外，其实主要是为了监视中国和搜集中国方面的情报与动向。

战争算法：没知识就没灵魂

在以深度学习为代表的第三波人工智能浪潮中，数据是食材，算力是能源，而算法则是机器的灵魂，是创造各种美味"料理机"，是人工智能发展的底层逻辑。没有先进算法注入的人工智能只能称之为机器，算法为那些看似"呆头呆脑"的机器提供了人类智慧，使之具备了"灵性"。

2016 年 9 月，哈佛大学法学院发布了一份题为《战争算法问责》的研究报告，该报告将"战争算法"定义为"通过电脑代码表达、利用构建系统实现以及能在与战争相关的行动中运作的算法。"2017 年 4 月 26 日，美国国防部副部长罗伯特·沃克签署了一份关于"马文项目"（Project Maven）的备忘录，明确要建立"算法战（algorithmic warfare）跨职能小组"，标志着美国军方对"算法战"概念的正式认可。

面对复杂的人类战场环境,智能化武器装备要依靠"算法大脑"去"思考"、"决策"、"行动",如果其算法的数理提炼与设计不够精细和精确,一方面可能导致智能武器装备自行程序故障,失去作战能力,甚至转而攻击己方人员;另一方面会被敌方及别有用心的人从"漏洞"进入算法,进行重新设计,那已方武器极有可能变成敌方武器或成为一台滥杀无辜的"杀人机器"。2007年10月,美军第三机步师的3台"利剑"机器人,由于算法漏洞,执行任务时其中1台机器人竟完全失控,把枪口瞄准操作员,最后只能将其摧毁。[30]

算法制胜的理念,使得美军的人工智能研发越来越向知识生产的一线科研机构靠拢,比如美国陆军的人工智能特遣部队总部就直接设在了卡内基·梅隆大学,自2019年2月正式成立以来,该总部十分活跃,专注于构建和推进AI自主系统。

> **知识链接:**
>
> **算法**
>
> 简单地说,算法就是将一组数理推演公式,用计算机程序变成一个具体的计算步骤,也就是把人类解决问题的数学公式,转换成计算机解决问题所使用的计算机能理解的清晰指令和策略机制。"如果你不知道自己要做什么东西,人工智能就什么也做不了",人工智能技术贵的不是硬件而是算法,比如索尼智能摄像头,主要的电子元件仅需要5美元就可以覆盖核心的硬件芯片的成本,但具体的算法设计受严格的专利保护。脱离深厚的数学底蕴,设计出先进的算法基本上就是无根之木。

---

30. 李健:《懂算法才能打"算法战"》,解放军报,2019-07-09。

2.4 小结

> 要成为一名成功的士兵,你一定要读懂历史,武器改变了,但是使用武器的人却一点也没有变,要赢得战争,你不是要战胜武器,而是要战胜人。
>
> —— 乔治·巴顿

颠覆性技术在战场上的应用,往往意味着军事优势的获得,但这种"往往"是有条件的,就是必须在军事理论和组织上予以调整,使之相互适应。火药是中国人发明的,但中国却在因此引发的军事变革中被无情的击败;坦克与战斗机配合的突击战术是法国人提出的,但德国却用"闪击战"占领了法国;雷达是德国人最先申请的专利,但英国人却用它痛击德军,甚至改变了第二次世界大战格局……人工智能又将如何呢?

保罗·斯查瑞认为:"机器人技术革命的赢家不是第一个开发这种技术的人,甚至也不是拥有最尖端技术的人,而是最会利用它们的人。"而美国国防部前副部长沃克——军事智能最为坚定的倡导者和推动者之一,就曾严肃指出,关于无人系统和自主武器能在未来几十年引发作战样式变化的讨论,必须建立在四个基本趋势之上[31]:

(1)"制导弹药+战斗网络"继续成熟,且这种

---

31. 罗伯特·沃克:《20YY:机器人时代的战争》,国防工业出版社,2016。

技术扩散到其他国家和非国家行为体,从而削弱了美军的垄断地位。

(2)人力成本增加,美军规模不断缩小,虽然美军有质量优势,但数量优势不再。

(3)不断发展的各种新技术,使得无人系统的效费比和自主性不断提高。

(4)随着对手大量使用制导弹药,以及低成本、高效率的无人系统,数量规模将成为美军需要突出考虑的问题。

显而易见,沃克在推动他的军事智能大业时,考虑到了作战样式、技术发展、经济成本、人力资源、作战对象等多方面因素,并给出了较为严格的限定条件,并没有从单一角度过分强调人工智能的颠覆性影响。无论对其具体观点持何立场,这种务实客观的态度都是值得称道的。

战争是政治的延续,自古至今的战争都是充满着变数和智慧的,未来的战争会不会因为一种技术的应用,而将战争的政治性、不确定性和艺术性彻底改变甚至抹杀呢?

人工智能技术做不到这一点。它虽然可以改变战争、但无法终结战争。有人说人工智能是弱者的武器,因为它可以让非国家行为体,以极小的代价对抗一个庞大的军事强国,这一点似乎改变了1494年查理八世炮轰意大利以来,唯有国家才能整合资源赢得战争的定论。但我们发现,人工智能(至少在现阶段)在军事上发挥作用不是没有最低资源限制的,它对资本、技术和资源的依赖,丝毫不比以往任何一种新技术要少,这也可以对当今世界人工智能技术强国无一不是资本密集型大国的现实给出很好的解释，从这个角度看，查尔斯·蒂利"战争造就国家、国家挑起战争"的论断仍具有其适用性。

在真正意义上的智能化战争还没有发生的时候，所有关于军事智能和智能战争的论述都必然基于想象，在缺乏最基本的实践经验的情况下，作为科研工作者的天性在劝诫我们要大胆假设、小心求证。

C^4ISR 体系作战

正是因为看到了这一点，当今世界的军事强国，在推进军事智能化进程之中，都牢牢扎根于自身的武装力量建设实际。美国军事智能发展特点简单地理解可以概括为三点：一是体系化。美国的人工智能武器化是建立在其强大的军事网络和在数据、算法、算力等深厚的技术积累之上的，军事人工智能发展呈现出体系化的特点，既包括联合多域作战等作战理念，同时涵盖战场空间感知、指挥控制、力量运用、战场防护、后勤保障等各个领域的人工智能化。美国的传感器体系已经实现全频谱探测，机器学习、分析与推理技术已经实现以任务为导向、以规则为基础制定决策，运动及控制技术已经实现路线规划式导航，协同技术已经实现人—机和机—机间基于规则的协调。其他国家与美国在智能化的深度和广度上均存在很大的差距。二是无人化。从无人机、机器人、无人舰船、无人潜航器，美国已将无人系统纳入已有军队体系和组织结构中。美国由于人工成本高昂，全球布防导致兵力严重不足等原因，推进武器装备无人化的意愿极其强烈。美国的人工智能装备方面更注重自主性，实现算法优化，智能装备在决策中的作用更大。三是通用化。美国在发展人工智能装备过程中，能够从人工智能的长远发展考虑，注重装备技术基础的通用性，重点关注开放和通用架构。各作战系统基于可共同操作的基础技术进行数据传输、通信和服务，使信息收集者、决策者、规划者和作战人员之间能够及时高效地传输准确的信息。无论军队是完全由无人系统组成，还是由有人控制系统和无人系统混编而成，无人系统必须能够在各个无人系统之间相互通信、共享信息，并与人合作。

与此相比，俄罗斯军事智能发展也可以简单地理解为三个特点：一是强单装。俄罗斯在军事信息化和军事网络方面比美国较为落后，且没有充足的资金对装备进行整体升级，因此在军事智能化道路上更多的是利用现有装备进行智能化升级。既能节省资金，利用现存装备，又能更快投入使用。但从长远发展来看，则难以实现装备的互联互通，自主性也较差。二是混编组。俄罗斯的智能装备在自主性方面较差，更多发挥人的指挥和决策力量。因此，是按照人在回路的设计思路，把人类决策和操控放在人工智能系统之中。**三是实战化**。俄罗斯在人工智能实战化方面走在世界前列。由于俄罗斯人在回路的人工智能发展路径,在当前人工智能发展水平就可以实现智能装备的实战化,而不用等到人工智能装备的自主性技术达到人类的水平。如在 2015 年 12 月,俄军就将整建制的机器人部队投入阿勒颇参与实战。

让我们从实战出发,思考得深入一些、再深入一些。

第 3 章
智能感知

知己知彼，百战不殆；知己不知彼，一胜一败；不知己不知彼，每战必败。

——《孙子兵法》

3.1 通感之谜

> 创新要么来自宏大视野,要么来自精细视野,唯独不在中间。
>
> —— 纳特·西尔弗

感知是作战的基础,军事上的感知和人类的感知有着千丝万缕的联系,要探究智能化的感知,本章从人类的感知体系入手,看一看机器的"感觉器官""神经网络"到底是什么;随后探讨机器内部,看看其"知觉机理"是如何运作的;最后从应用的层面考察智能感知体系的战场表现。

天舞宝轮

看过日本动画片《圣斗士星矢》的读者,可能会对黄金圣斗士沙加的终极奥义"天舞宝轮"印象深刻,无论再强大的战士,一旦被"天舞宝轮"击中,其身体的所有感官都会被剥夺,甚至连精神和思考的第六感也会被封闭,成为只剩下心跳,任人宰割的活尸体。

作为《圣斗士星矢》中最神奇的招式之一,"天舞宝轮"生动展现了感知对于战斗的重要作用,在古往今

来的任何一场战争中,感知毫无疑问都是决策和行动的前提。

对于人体而言,感知就是意识对内外界环境的觉察、感觉、注意、知觉的一系列过程。而感知能力则是对感觉刺激、知觉对感官刺激赋予意义进行认知的水平,它取决于生物体的经验和知觉对刺激的判断,还取决于感官对刺激的敏感程度。感知又可以分为感觉和知觉两个部分,感觉的获得依赖于人体的感官通过光、色、声、味、力、冷、热、痛等刺激信息,形成对外部环境的察觉。而知觉则更加强调从心理学层面,对感觉信息进行有组织的处理,对事物存在形式进行理解和认识。

完整的感知过程既有赖于物理上的结构,如眼、耳、鼻、皮肤、神经系统、大脑等,也需要适当的功能,如刺激信号、知识体系、心智情绪等。而对于军事上的感知我们也可以这样理解,既要实现战争的感知能力,又要有硬件及软件,对此我们可以做出如下类比:

人与军事的感知对比

	获取信息	传递信息	处理信息
人	感官	神经	大脑
军事	传感器	传输网络	分析系统

军事上的感知和生物的感知显然不可能严格对应，但这并不妨碍我们以类比的方式加深对感知的认识。在人类早期的战争中，感知主要依赖人类的视觉和听觉，即便是经由军事间谍侦察获得的信息，也是通过其眼见耳闻所得来的。随着各类机械式观测仪器（如望远镜等）和测量仪器（如指南针等）的普遍使用，人类大大强化了自身的感知能力，但直到机电传感器出现，机器才能算得上突破了生物感官的限制，拥有了超越自身感知能力的"第七感"。

传感器的重要性远不止于此，中国工程院潘云鹤院士曾说：（当今世界）正从原来的物理空间和人类社会空间组成的"二元空间"（PH 空间）进入多了一个信息空间的三元空间（CPH）。三元空间是如何壮大的？50 年前世界还只是二元空间，所有信息的流转、传播均来自人类。就算有了互联网、移动通信、搜索工具，仍旧是二元空间，因为信息源仍然是人。然而今天，许多信息直接来源于物理世界——数以万计的卫星一刻不停地向地面传达信息，数以亿计的摄像头通过屏幕传达信息，大量的传感器形成传感器网，成为新的信息源。[33]

可以看出，在一些科学家眼中，传感器甚至已经在突破亚里士多德关于"生物和矿物"的基本划分，使得自然界多了一个"信息物"，并由此打开了一个前所未见的"信息空间"。当前技术条件下，单体传感器的发展正朝着微型化、巨型化两个不同的方向发展，微系统让人类能够将传感器散播到任何地方，以实现无所不在的感知；巨型传感器则能让人类具备宇宙尺度的感知能力，以实现弗远无界的探测。而真正赋予各种传感器智慧的，就是万物互联的网络信息体系。

> **知识链接：**
>
> **机械感知神器**
> **——候风地动仪**
>
> 在中国科学史上，没有什么比候风地动仪更为引人注目。它的发明者是东汉时期伟大的科学家张衡。《后汉书·张衡传》详细记载了张衡的这一发明："阳嘉元年，复造候风地动仪，以精铜铸成。员径八尺，合盖隆起，形似酒樽，饰以篆文山龟鸟兽之形。中有都柱，傍行八道，施关发机。外有八龙，首衔铜丸，下有蟾蜍，张口承之。其牙机巧制，皆隐在尊中，覆盖周密无际。如有地动，尊则振龙机发吐丸，而蟾蜍衔之。振声激扬，伺者因此觉知。虽一龙发机，而七首不动，寻其方面，乃知震之所在。验之以事，合契若神。自书典所记，未之有也。尝一龙机发而地不觉动，京师学者咸怪其无征，后数日驿至，果地震陇西，于是皆服其妙。自此以后，乃令史官记地动所从方起。"显然，所谓候风地动仪，是用来测报地震的仪器。围绕这一名称，学界曾有不同意见。一种认为候风地动仪包括了候风仪和地动仪两种仪器，"候风仪"是用于测风的，"地动仪"才是用于测地震的。另一种观点则认为，所谓"候风"，即是"候气"，古人认为地震是由于地"气"变动所引起的，所以叫"候风地动仪"。[32]

32. 资料来源：百度百科。
33.《人工智能领导干部读本》，人民日报出版社。

灰尘知道一切

提起人类的感知器官，主要指的是眼睛、耳朵、鼻子、嘴巴、皮肤等器官，这些器官是人类感知环境刺激，向身体传递信号的物质基础，如果没有它们，人类就会失去相应的感知能力。而对于机器而言，感知器官主要指的是各类传感器。历史上为了模仿人类的视觉、听觉、嗅觉、味觉和触觉，人类发明了各种类型的机电传感器，当然也发展出一些人类不具备的感知能力。

> **知识链接：**
>
> ### 传感器
>
> 传感器一般由两类基本元件组成：敏感元件与转换元件。在完成非电量到电量的变换过程中，并非所有的非电量参数都能一次直接变换为电量，而往往是先变换成一种易于变换成电量的非电量（如位移、应变等），然后再通过适当的方法变换成电量。因此，人们把能够完成预变换的器件称为敏感元件。例如，在传感器中，建立在力学结构分析上的各种类型的弹性元件（如梁、板等）统称为弹性敏感元件。而转换元件是能将感觉到的被测非电量参数转换为电量的器件，如应变计、压电晶体、热电偶等。转换元件是传感器的核心部分，是利用各种物理、化学、生物效应等原理制成的。新的物理、化学、生物效应的发现，常被用到新型传感器上，使其品种与功能日益增多，应用领域更加广泛。应该指出的是，并非所有传感器都包括敏感元件与转换元件，有些传感器不需要起预变换作用的敏感元件，如热敏电阻、光电器件等。其结构示意如右图[34]。

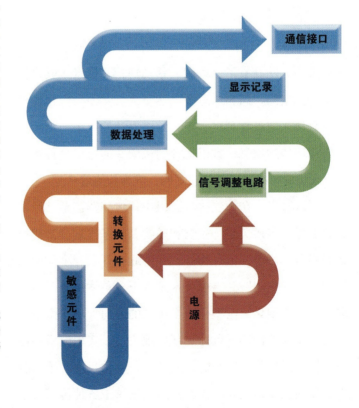

34. 彭杰纲：《传感器原理及应用》，第2版，电子工业出版社，2017。

传统意义上的传感器，可以被视为一种将外界环境中的物理信号转化为电信号的机电系统，按照本书关于人工智能的定义，传统意义上的传感器可以说毫无智能可言，只是单纯地负责感知，虽然智能传感器在很长一段时间内占据了新闻媒体的热点位置，但直到微系统的出现，智能感知的时代才真正来临。

"微系统"的概念最初由美国国防高级研究计划局（DARPA）提出，其主要是指在微纳尺度上，实现信号感知、信号处理、信令执行和赋能等功能融合集成的

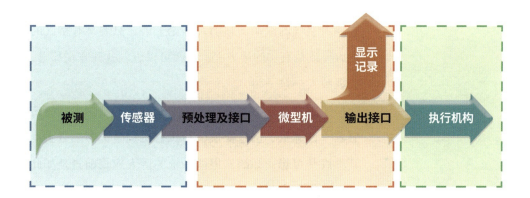

随着智能化程度的进步，传感器的概念也逐步扩展，由单一的敏感元件扩展为集信号获取、处理、存储与传输等功能在内的传感器系统。传感器的功能也不再局限于简单的信号形式的转换，而是能够像人一样，将感知到的外部世界中的有用信息提取出来。智能传感器是指任何有独立处理能力，能够对周围情况作出反应，而不需要将信息传送给中央控制器的传感器。如上图所示[35]。

35. 彭杰纲：《传感器原理及应用》，第2版，电子工业出版社，2017。

微型系统。可以看出，微系统是一个涵盖了感知技术、微电子技术、微光子技术、MEMS、架构和算法诸多要素的复杂系统，其基础是先进芯片技术，核心是体系架构和算法。而其功能的强大，按照DARPA的描述是现有电子系统的"两个百倍"：探测能力、带宽、速度比目前系统提高100倍；体积、重量和功耗是目前系统的1%~1‰。

早在20世纪末，DARPA就和兰德公司提出了所谓"智能尘埃"（smart dust）项目，这是一种体积只有几个立方毫米大的智能传感系统，可以被大量地装载于宣传品、子弹或炮弹壳中，在目标地点撒落下去，形成严密的监视网络，由于其体积小到可以在空气中悬浮，并随着空气的流动而移动，理论上讲，只要是有空气的地方（或是有水的地方），它就可以进入并驻守在那里，监视敌人一举一动。

要想在数立方毫米甚至1立方毫米的空间内，将传感器、计算机、信息交换机和执行机构全部容纳进去，其难度是可想而知的。但微系统的巨大应用前景是如此诱人，很多人都将其视为颠覆未来社会形态甚至战争形态的智能技术，高德纳公司（Gartner）在《2016年度新兴技术成熟度曲线》报告中评论智能尘埃时提到："鉴于这种技术有非常广泛的潜在应用和优势，我们相信其会对人类将来生活的各个领域产生变革性的影响。"

而在军事领域，微系统技术将多种先进技术高度融合，将传统各自独立的信息获取、处理、命令执行等系统融为一体，能够促进武器装备微小型化和智能化，对于加速武器装备系统性能的全面提高，有效降低尺寸、重量与成本等具有革命性的影响。

美国密歇根州大学科学家最新研制一种不足雪花大小的微型计算机

近年来人工智能技术与微系统的结合越来越紧密，系统架构和算法成为微系统技术发展的重点，主要体现在数据融合、智能自主、提高频谱利用率等方面。多传感器数据融合可有效提升整个传感器系统信息的有效度，如 DARPA 于 2008 年启动"神经形态自适应可塑电子系统（SyNAPSE）"项目，2013 年启动"传感与分析用稀疏自适应局部学习"项目，开发可在大小、处理速度和能耗方面可与真实大脑媲美的神经形态芯片。

2016 年 2 月，麻省理工学院在 DARPA 支持下研制出以神经网络形态为架构的可进行深度学习的芯片 Eyeriss，该芯片内建 168 个核心，专门用来部署神经网络，效能为一般移动 GPU 的 10 倍，也因其效能高，不需透过网络处理资料，就能在移动设备上直接执行人工智能演算法。其具有辨识人脸、语言的能力，可应用在智能手机、穿戴式设备、机器人、自动驾驶车与其他物联网应用设备上。

2018年7月23日，DARPA在"电子复兴计划"峰会上提出"电子设备智能设计"（IDEA）和"高端开源硬件"（POSH）两个项目，其共同的目标是计划克服微系统/芯片设计日益复杂化和成本急剧增加的问题。POSH项目目标是创建一个开源的硅模块库，IDEA项目希望能够生成各种开源和商业工具，以实现自动测试这些模块，以及将其加入到SoC和印制电路板中。两个项目在未来四年将投入1亿美元，为"电子复兴计划"电路设计支柱领域提供支撑，成为有史以来投资最大的EDA研究项目之一。开源软件最有可能成为微系统在应用层面实现创新的工具。

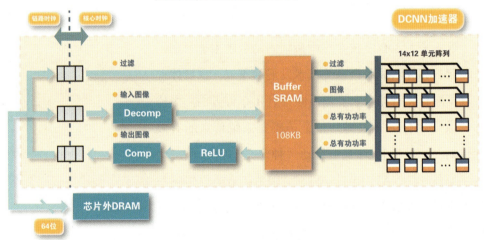

Eyeriss芯片架构

2019年7月16日DARPA微系统技术办公室启动了一项名为"微系统探索计划"的新项目，旨在追求创新的研究理念，探索嵌入式微系统智能和本地化处理的前沿技术、新型电磁元件及技术、微系统功能密集化和安全集成技术，以及微系统技术在C^4ISR、电子战、定向能等领域的颠覆性应用。这也为我们指明了微系统的未来发展方向。

机器之眼

前面讨论的越来越小型化的传感器,大都是被动接受外界各种信号,进而通过分析和计算对环境进行感知,这与人类感官的工作方式极为类似,但并非所有的动物都是被动感知的,例如蝙蝠,就是通过主动发射超声波并接收回波来实现对环境的感知,有些深海鱼类甚至可以通过在周围建立电磁场来感应猎物。在机器的世界里,也存在这样的主动感知手段。

《伦敦上空的鹰》是一部讲述第二次世界大战期间英伦空战的电影。在影片中,不可一世的德军凭借其战机数量的绝对优势(德军当时共调集了2600架飞机,其中轰炸机1480架,而英军可用于空战的飞机不到900架),妄图荡平英伦三岛,但英方借助防空警戒雷达体系,对德军展开一次次"空中伏击",一个多月时间就让德军损失了1500架飞机。

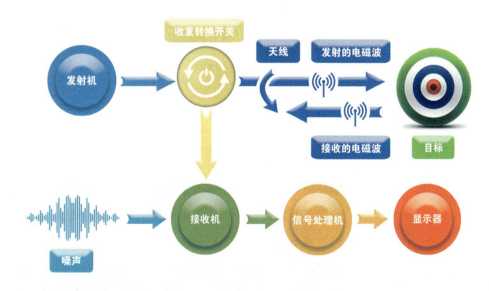

雷达的工作原理

雷达，这种最早出现在德国的装备，却是英国熟练应用于战场并彻底扭转了英德空战的形势。时至今日，从防空警戒到自动驾驶，从物理测量到微波成像，雷达已经成为信息社会中必不可少的信息基础设施。

如今，一部机载雷达就能够完成过去许多部不同体制的雷达才能完成的搜索、跟踪、火控、天气、合成孔径等功能。如美军的F22、F35等战斗机基于AESA雷达配置的综合孔径系统，就能实现雷达、通信、电子战一体化。随着人工智能技术的不断发展，利用人工智能技术，使雷达能够根据作战任务要求和实际作战环境，"智能"地改变雷达工作模式、工作参数，甚至是自主地选择对抗策略，已经成为当前雷达发展的重要趋势，其中一个典型的例子就是"认知雷达"。

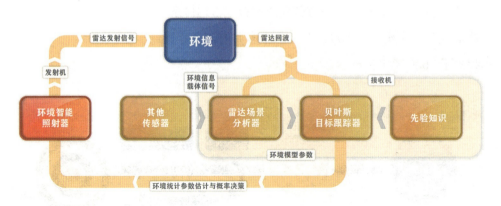

认知雷达简图

认知雷达具备四个方面的智能化能力：一是自主感知环境的能力，以便通过与环境的交互作用，利用环境信息不断更新接收机；二是智能信号处理的能力，如采用专家系统、基于规则的推理、自适应算法等；三是存储器和环境数据库，或者能够保存雷达回波信息的机制，如贝叶斯算法；四是闭环反馈机制。认知雷达在人与雷达构成的闭环系统中逐渐弱化操作人员的作用，逐步增加雷达本身的智能，是雷达发展的必然趋势。[36]

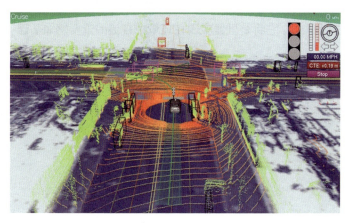

无人驾驶汽车的激光雷达

从认知雷达这一个例子就可以看出，人工智能在雷达工作的各个环节都有所应用。美军从20世纪末就开始智能信号处理方面的研究，其早期的研究主要在专家系统恒虚警处理（ES CFAR），此后分别开展了基于知识的空时自适应处理技术（KB STAP）和基于数字地图信息的空时自适应处理（KBMap-STAP）研究项目。美国空军研究实验室和DARPA先后资助基于知识的雷达（KB-radar）、知识辅助的传感器信号处理与专家推理（KASSPER）、知识辅助雷达（KA-radar）以及自治智能雷达系统（AIRS）等多项研究。2007年，DARPA将KASSPER列为雷达技术的主攻方向之一。2013年，DARPA支持了雷达与通信共享频谱（SSPARC）研究项目，以认知无线电和认知雷达为基础实现了通信与雷达互相传递频谱使用情况，降低了雷达与通信的相互干扰。2015年，DARPA启动了"在竞争环境下目标识别与适应"跟踪雷达目标识别项目，利用深度学习技术提

> **知识链接：**
>
> **认知雷达**
> **（cognitive radar, CR）**
>
> 2006年，加拿大Simon Haykin首次提出认知雷达的概念，通过知识辅助和自适应发射，能够实现与环境的不断交互和学习，获取环境的信息，结合先验知识和推理，不断地调整雷达接收机和发射机参数，自适应探测目标。2007年，Guerci提出基于知识辅助的认知雷达系统架构。
>
> "认知雷达"之所以引人注目，是因为传统雷达的发射和接收方式通常是固定的，是根据雷达的任务与应用场景事先设计好的，包括雷达体制、波形参数、信号处理方式等，而且高度依赖人类经验和知识的处理和分析，这大大制约了雷达性能的进一步提升。随着电磁环境日渐复杂，传统雷达越来越力不从心。认知雷达通过提取和学习目标和环境的多域特征，可以根据环境信息不断提升自身的适应能力，并采取具有针对性的措施，大大扩展了雷达的发展空间。

36. 许小剑，黄培康：《雷达系统及其信息处理》，电子工业出版社，2018。

高非合作目标识别能力。

可以想见，智能时代的雷达作为所有机器不可或缺的"眼睛和耳朵"，必将成为机器超越人类感知能力的最大依仗，它将是机器实现在环境中自治的重要感知基础。

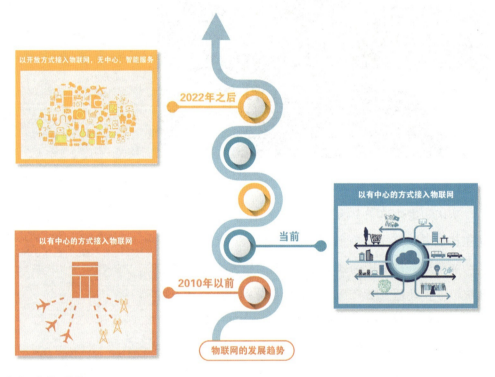

物联网的发展趋势

网络拥兵亿万

诚如潘云鹤院士所言，越来越多的传感器营造了一个人类看不见摸不着却也离不开的虚拟空间。但如果在这个传感器为基础构建的虚拟空间里，没有类似人类世界的公路网存在，那么一切都将是杂乱无章的，是不可达、不可用甚至不可知的，这就是物联网（internet of things，IoT）的重要意义之所在。

物联网的出现，使得数以亿万计传感器能够相互连接、相互通信、相互交流和学习，虽然时至今日科学家描述的"万物互联"的世界还没有真正到来，但物联网早已成为经济社会不可或缺的基础设施，正因为有了它，共享单车才随处可见，智能家居才能够深入千家万户，公交卡、门禁卡甚至银行卡都有赖于物联网技术的支撑……可以说，今天的物联网虽尚处"雏形"阶段，但已经发挥了巨大作用，且正在爆发性增长中。2018年底，小米科技宣布其物联网平台已经接入了1.32亿台设备；阿里巴巴集团则宣布在未来5年内连接100亿台设备。考虑到5G技术的加速落地，全球物联网的设备接入量突破千亿计似乎就是转眼之间的事情。

为了应对数量如此巨大的传感器和终端设备，物联网的架构采取了与互联网不同的架构。它可以简单地理解为由"感知层、网络层、应用层"组成的一个分层体系：感知层集中了所有的传感器和信息获取设备，负责全方位感知信息；网络层负责信息的融合、传输和分析处理，可以视作整个物联网的大脑和神经；而应用层则面向不同客户，凝聚了专业化的知识体系和解决方案，以提供个性化的应用服务，例如任务规划、作战指挥等。

物联网的这种经典三层式结构，与美军21世纪初倡导的"网络中心战"的三层结构可以实现完美映射——"传感网"映射"感知层"、"指控网"映射"网络层"、"火力网"映射"应用层"——可见物联网在军事领域大放异彩是顺理成章的事，特别是在智能传感器无处不在，机器人战士主导战场的未来智能战争中，将军事物联网视为战争中最重要的基础设施一点也不过分。

那么，军事物联网与民用物联网有什么本质不同呢？

> **知识链接：**
>
> **物联网**
>
> 物联网概念最早出现于比尔·盖茨1995年《未来之路》一书，只是当时受限于无线网络、硬件及传感设备的发展，并未引起世人的重视。1998年，美国麻省理工学院创造性地提出了当时被称作EPC系统的"物联网"的构想。
>
> 2005年11月17日，在突尼斯举行的信息社会世界峰会（WSIS）上，国际电信联盟（ITU）发布了《ITU互联网报告2005：物联网》，正式提出了"物联网"的概念。报告指出，无所不在的"物联网"通信时代即将来临，世界上所有的物体从轮胎到牙刷、从房屋到纸巾都可以通过因特网主动进行交换。射频识别技术（RFID）、传感器技术、纳米技术、智能嵌入技术将得到更加广泛的应用[37]。
>
> 2009年1月，IBM提出"智慧地球"构想，其中物联网为"智慧地球"不可或缺的一部分。IBM认为智慧地球将传感器嵌入和装备到电网、铁路、桥梁、隧道、公路、建筑、供水系统、大坝、油气管道等各种物体中，并通过超级计算机和云计算组成物联网，实现人类社会和物理系统的整合。奥巴马就职后对"智慧地球"构想做出积极回应，并将其提升到国家级发展战略，至此，物联网的概念逐渐被接受，并掀起了世界各国进行物联网研究和应用的浪潮[38]。

37. 陈天超《物联网技术基本架构综述》，林区教学，2013（3）。
38. 蓝羽石：《物联网军事应用》，电子工业出版社，2012。

第3章 智能感知

对这一问题的回答可谓见仁见智，有些专家认为其中的差异不过是数量和程度上的差异而已，就像军用运输机和民用运输机的差异一样，在技术上没有本质差异；也有专家认为军事物联网与民用物联网存在根本差异，因为军事行动是高度对抗、高安全保密的环境，与民用物联网追求"随遇接入"的理念完全不同。不论怎样，我们可以肯定的是，不可能指望未来智能化战争的物联网体系建立在现行的民用物联网之上，蓝羽石院士针对军民用物联网的差异给出了军事物联网的体系架构图[39]。

　　从图中不难看出，军事物联网是一个智能化的赛博物理系统（CPS系统），其智能化水平主要体现在如下几个方面：自主获取环境信息，并将其传输给计算机；自主分析处理信息，并将其结论传输给特定用户；针对特定用户的专业化、个性化需求，自主决策甚至自主采取行动；最后，它能够把不同的"智能体"汇聚在一个网络化的信息空间里，使之"群聚生智"。

　　在军事物联网的建设和应用方面，美军毫无疑问是最积极的践行者，有学者认为早在越战时期的"热带树"项目就可以视作美军战场互联网建设的雏形，主要解决未来战争的战场透明化、要素联合化、行为智能化、行动速决化、风险可控化等问题。

　　随着人工智能技术的迅速应用，物联网也正朝着开放式、无中心、智能化方向发展。2019年10月，中国电科发布《物联网基础设施开放体系顶层设计白皮书》，为我们勾勒出了智能时代物联网的基本样貌，也许我们能够从中一窥未来军事物联网的样貌。

---

39. 蓝羽石：《物联网军事应用》，电子工业出版社，2012。

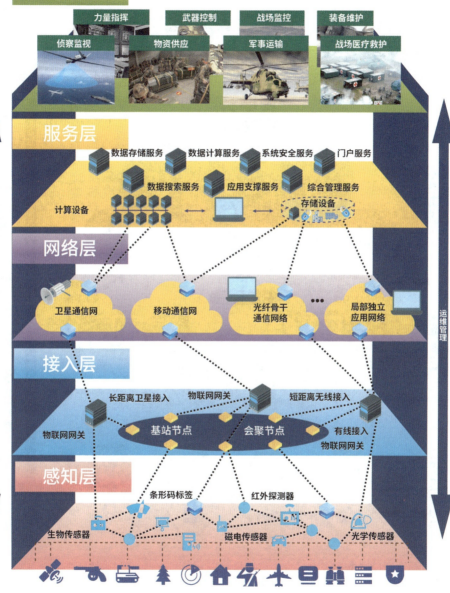

军事物联网架构

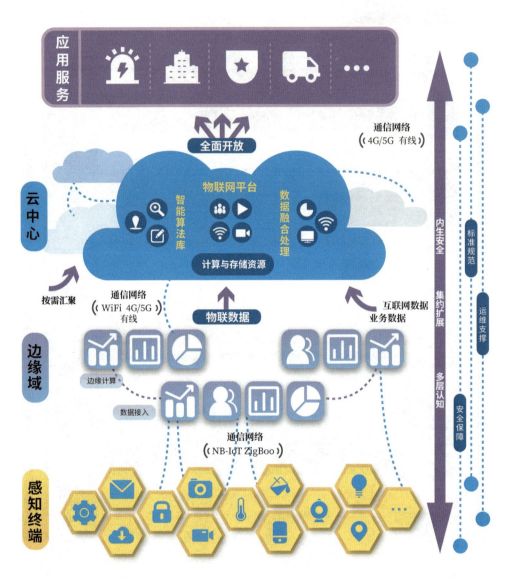

物联网基础设施开放体系架构

3.2　感同身受

> 身之主宰便是心，心之所发便是意。意之本体便是知，意之所在便是物。
>
> ——【明】王阳明

察言观色

如果我们拥有了最先进的传感器、网络和感知体系，是否就能确保一定能看透"战争迷雾"，实现战争的单向透明？答案显然是否定的，其中的道理就像一个人即使拥有千里眼和顺风耳，但如果他根本不知道老虎是什么，那么他永远无法感知到老虎的威胁。

也就是说，感知过程中的知识部分对于机器智能的重要性，就如同知识和经验对于人的重要性，是传感器和感知器官能够有效实现其功能的核心。要理解机器如何模拟人类对外界产生各种知觉，可以从我们每个人司空见惯的两个人工智能技术入手。

一是计算机视觉，就是让机器像人那样"看"。其基本原理是通过光学非接触式感应设备，自动接收并解释真实场景的图像以获得系统控制的信息。在实际作战中，计算机视觉系统通过观察目标的视频动态信息，借助神经网络、专门的机器视觉硬件，可在复杂的战场环境下，自动识别出潜在威胁，为目标打击提供参考信息。如DARPA的"心眼"项目和"图像感知、解析、利用"项目开发的机器视觉系统，具有"动态信息感知能力"，对动态物体的解构，利用卷积神经网络图像识别技术，将图片中的信息转化成计算机的知识。2018年引发硅谷众多极客和公司抗议的"马文项目"，就是利用这种人工智能技术，令无人机可以更加精准地识别目标图像，进而提高无人机发动攻击的自主性。

人脸识别技术原理

另一个例子是语音识别，又称音频识别，就是让机器像人那样"听"。当今的中国人对"语音助手"或是"智能音箱"可能再熟悉不过了，从技术上看它就是利用机器学习技术，对音频信号进行分析和识别。这项技术在军事上具有广阔的应用前景，可以大大增强感知的能力。

语音识别技术在军事上的应用极其广阔，它可以大大优化人类与机器的沟通方式和效率，由英国、德国、意大利、西班牙等国联合研制的新一代"台风"战斗机中，就采用了语音控制系统，能够识别实现包括传感器和武

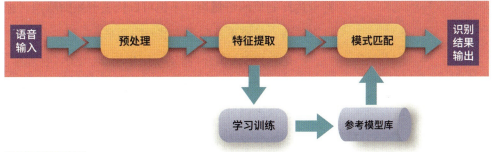

语音识别基本原理

器控制、雷达、导航、无线电等 26 种战斗机功能的语音控制,识别时间小于 200 毫秒,正确率超过 95%,大大解放了飞行员的精力,使其可以更加专注于战术管理。

DARPA 正在利用此类智能技术,开展一项名为"持久性水生生物传感器(PALS)"的有趣研究:目标是人称"海底幽灵"的潜艇,目前探测和监视潜艇的主要办法是声呐,其中主动声呐是指向水中发出声音脉冲,当遇到潜艇,声波就会反弹回发射器,就可以按图索骥,找到敌方潜艇可能的位置。这种方法虽然有效,但在水下主动发送声波会暴露自身和友军潜艇的位置。而被动声呐本身不发射声波,只是被动地接受广播或敌舰发出的噪声。虽然更安全,但如果敌方潜艇足够安静,那么被动声呐就无法检测。这个问题在潜艇静音技术日益发达的今天已成为水声传感器的一大难题。

DARPA 发现,大洋深处有很多生物,在不同情况下会发出不同的声音,例如歌利亚石斑鱼在受到惊扰时会发出一种奇怪的吠叫声。如果一艘经过的潜水艇打扰了石斑鱼,无论潜水艇多么安静,这种特殊的"水下侦察站"都能发生声音上的变化,也就是说通过探测石斑鱼的叫声变化,就可以间接探测潜水艇的动态。再如卡达虾,能够利用其巨螯制造出带有轰鸣声的气旋,一大群卡达虾制造的喧嚣声，不但可以掩盖潜艇的噪声，也可以作为一种警讯，昭示着潜艇的到来。

于是DARPA集合机器学习、生物学、化学、物理学、海洋学、机械和电气工程、弱信号检测等多个学科和工程领域，试图通过智能音频识别的方式理解水生物们发出的声音的含义，来判断周围水域是否有潜艇等探测器在穿行。

当然，为了实现智能感知所需要的技术远不止于视觉、听觉，还有类似于人类的嗅觉、触觉等知觉功能都是人工智能研究的范畴，甚至还有一些超出人类感知能力的领域，比如对电磁环境的感知、对红外线的感知、对辐射的计量、对大气和水体受污染程度的感知等。限于篇幅我们在此不再赘述。

以文会友

人类表情达意的方式，除了声音和图像之外还有文字。文字是人类文明史上最为重要的发明，它使得声音化的语言通过图符化的方式得以留存，克服了语言在时间和空间上的局限性，使得人类的各种信息、知识发明得以保存和流传，极大促进了文化发展和思想交流，丰富了人类的精神世界。毫不夸张地说，是文字让人类彻底从蛮荒时代进入了文明社会。

如何让机器理解文字的含义，或是让机器听到人类的语音之后理解其中的含义，是人工智能领域是一个重要的研究方向，称为"自然语言处理"。

自然语言处理可以大大强化人类面对海量信息时的处理速度和能力，而且能够借助大数据分析等方法，赋

知识链接：

自然语言处理（NLP）

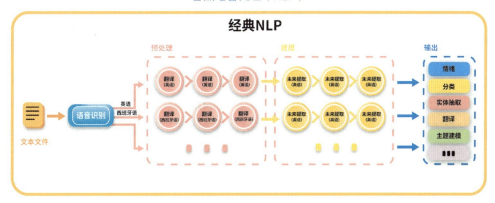

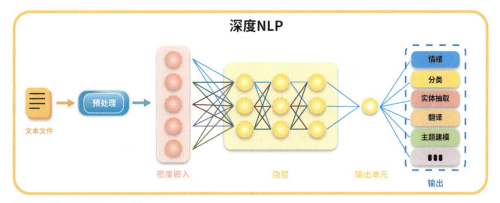

经典 NLP 与深度学习 NLP 方法

人类的逻辑思维以语言为形式，人类的绝大部分知识也是以语言文字的形式记载和流传下来的。因而，对语言文字的分析就成为人工智能的一个重要，甚至核心部分。最早的自然语言理解方面的研究工作是机器翻译。1949年，美国人威弗首先提出了机器翻译设计方案。20世纪60年代，国外对机器翻译曾有大规模的研究工作，耗费了巨额费用，但人们当时显然是低估了自然语言的复杂性，语言处理的理论和技术均不成熟，所以进展不大。

20世纪90年代开始，自然语言处理领域转而重视"大规模"和"真实文本"，随着大规模真实语料库的研制。以及大规模、信息丰富的词典的编制工作。计算机对自然语言的处理能力大大增强。目前，基于深度学习算法的自然语言处理技术，在语音识别、语义分析、文本挖掘、主题分析、机器翻译等诸多方面取得长足进步。

予人类"透过现象看本质"的分析能力。DARPA 早在 2002 年便启动了"跨语言信息检索与提取"（TIDES）项目，旨在令英语人员无需任何外国语知识的前提下，就能借助人工智能理解其他多种语言的关键信息。2005 年启动"全球自主语言开发计划"（GALE），据称是 DARPA 历史上资助的最大项目[40]。该项目经理乔奥利弗说："我们已经在全球自主语言开发（GALE）项目上取得了巨大成功，开发出比翻译人员更准确进行阿拉伯语新闻翻译的软件。"2011 年 DARPA 启动广泛业务语言翻译（BOLT）项目，为国防和国家安全提供语言翻译支持，从一般的短语翻译工作到大型语音、视频和打印等数据的扫描和翻译工作。

首先，自然语言处理技术的挑战之一是人类语言文字的多样性。有统计表明，现在世界上查明的语言超过 5000 种。与世界通用的计算机编程语言不同，每种人类语言都有自己独特的表义方式和海量的词汇。其次，语言的时代性也是一个挑战，语言随着时间变化而演化的情况十分普遍，需要机器不断适应和学习。再次，大多数人类语言不具有严谨的数理逻辑。过去有一个笑话：一个机器人听到有人说"昨晚中国队大胜美国队"，紧接着另一个人说"昨晚中国队大败美国队"，于是机器人就崩溃了，因为在这两句话中唯一不同的文字是"胜"和"败"这一对反义词，按照逻辑分析这两句话的意思应该是相反的，但事实显然不是这样。最后，就是人类在使用言语交流时具有容错和自我纠偏的能力，比如现在"你读的到这话句的序顺是乱的，可是毫丝不影响你读阅和解理这句话的意思"。

正是基于种种挑战，目前的自然语言处理技术，还

---

40. 张凤：《自然语言处理技术在西方国家军事应用的现状》，国防科技，2014（2）。

需要在前期的算法学习和训练的过程中，借助人类劳动，为机器构建海量的"语料库"和"知识本体"，这种情况在图像识别领域同样存在，这些人类的劳动成本和知识成本，是目前自然语言处理领域的一座大山，也许这正是DARPA的"全球语言利用计划"如此费钱的原因之一。

对于机器而言，如果不攻克自然语言处理这一关，极有可能就意味着无法具备真正意义上的感知，即便接收到再多的信息，如果不能理解其中的含义，就不能算是具备了完整的感知能力，智能又从何谈起呢？

边缘最快

第三次人工智能热潮受益于大数据和云计算的飞速发展，而物联网的快速发展又会产生大量的数据，这给计算带来了巨大的挑战；另一方面，各种应用又提出了更快的响应时间、更好的数据私密性等各种要求。如果把物联网产生的数据传输给云计算中心，将会加大网络负载，可能造成网路拥堵，并且会有一定的数据处理延时。

为了应对这一挑战，科学家们提出了边缘计算的概念，就是在网络边缘完成计算，在网络边缘结点处理、

云计算

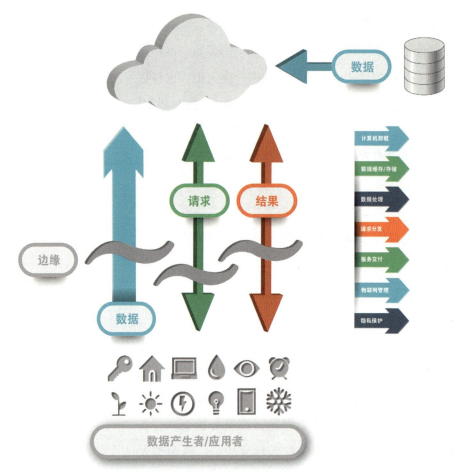

边缘计算

分析数据,以此缓解网络传输和云端的计算压力。所谓边缘结点指的就是在数据产生源头和云中心之间任一具有计算资源和网络资源的结点。比如,手机就是人与云中心之间的边缘结点,网关是智能家居和云中心之间的边缘结点。在理想环境中,边缘计算指的就是在数据产生源附近分析、处理数据,没有数据的流转,进而减少网络流量和响应时间。

边缘计算对于物联网特别是军事物联网具有极其重要的意义,有专家认为边缘计算可使人脸识别的速度提高 5 倍;而把部分计算任务从云端卸载到边缘之后,可使整个系统的能耗减少 30%~40%;数据在整合、迁移等方面可以减少 20 倍的时间[41]。

据国际数据公司发布预测,到 2020 年,全球将有超过 500 亿个终端与设备联网,形成大量云部署,其中逾 40% 的云部署将包含边缘计算,超过 50% 的数据需要在网络边缘计算分析、处理和储存。边缘计算作为云计算的补充和延伸,将成为另一个焦点[42]。

边缘计算结合人工智能技术,不妨称其为"边缘智能",其在时间和能耗方面的显著技术优势,在战场上将迅速转化为显而易见的军事优势。对于战术级、小规

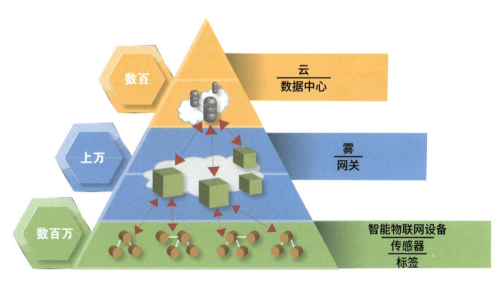

战术边缘计算平台(STEP)

41. 施巍松:《Edge Computing: Vision and Cha-llenges》,https://blog.csdn.net/gui951753/article/details/80952907
42. 张清亮:《边缘计算,助力军事智能化》,中国国防报,2019(5)。

模的作战单元而言，这是其独立遂行作战行动的重要保障；而对于大规模的无人系统集群而言，边缘智能是"体系生智、集群生智"的基础和前提，因此可以预见，边缘计算必将成为未来军事智能技术发展的热点之一。美国已经有数家公司开始着手建设用于军事的边缘计算技术。

　　边缘智能可以更大限度地利用数据，让数据变得更有价值。算法模型压缩加速技术是边缘智能处理的主要技术之一，包括权重量化（对网络权重引入量化约束，降低用于表示每个网络权重所需的比特数）、硬件加速技术（针对神经网络的分层结构，设计专门的硬件电路，实现以很小的面积和功耗获得高性能）等。

3.3 欲得智慧，必集大成

我们熟知的"常识"并不是件简单的事，反而是由大量的、来之不易的实践理念构成的。它们来自生活中无穷无尽的规则和例外、倾向、趋势和制衡。

—— 马文·明斯基

古老的新手段

前文从硬件和软件两个方面，给出了实现智能感知的可能，众所周知，信息泛滥已成当前军事技术变革中的严峻挑战，而那种"面多了加水、水多了加面"的工具理性，只会令我们走上永无终点的冲刺之路，因为其中最核心的问题始终没有得到有效的回答：

战争，到底需要多少信息？

对于这个问题，人类和机器给出的答案也许是截然相反的。即便是在人类内部，答案也不尽相同，战略家可能更加注重宏观层面双方实力的比较，如马歇尔的净评估方法；技术人员可能更加注重装备的作战效能信息及其体系贡献率；指挥官可能更加关心实时的战场情报；情报人员可能更加注重专门信息……对由人类组成的军事力量而言，由于人脑处理信息的能力是有限的，而且容易被假信息和自身心理状况所干扰，所以如何以最高的效率、最低的成本、最少的错误，将信息传递给最需要的人，从技术的角度看，也可以理解为战争的数据结构问题。

而人工智能的回答也许是：越多越好。至少在第三波人工智能浪潮中，信息泛滥不但对机器不构成问题，反而是机器超越人类最大的资本所在。但根据前文的分析可以看出，对于数据的处理是有限制条件的，传感器、知识和网络，即便传感器和网络可以随心所欲地增长，但知识是需要人类创造的，除非机器能够自己创造知识……

让我们回到问题本身，既然获取信息不是为了证明你比敌人知道的多，而是为了打赢战争，那么感知就只是输入，决策和行动才是运用信息的函数，而由于战争的复杂性、对抗性和随机性，决策和行动过程又对感知形成了新的要求输入，采取何种感知手段，必然是动态变化的，所以只能将其纳入整个作战体系中去考察，这个过程用军事家的语言表达就是"军事情报"。有趣的是，在英语中智能和情报居然是同一个词 intelligence 来指代的。

人类的军事情报史源远流长，以至于间谍被称作"第二最古老的职业"，早期的情报活动多是一种自发性活动，而不是一种自觉行为，因此多呈片断性或脉冲性。战前的间谍活动相当频繁，一旦战争结束这些间谍则作鸟兽散，完全没有现代秘密人力情报工作所强调的专业性、连续性、预见性。这种现象在 20 世纪之前都无改变[44]。

随着两次世界大战的爆发以及冷战的蔓延，专业情报机构得到充分重视和发展，无论是从人力和技术手段看，军事情报已经成熟到八面玲珑、简直是无所不知、

> **知识链接：**
>
> **情报还是智能**
>
> 英语中 information 和 intelligence 都可译作情报，在英国很少使用 information 指代情报，而大量使用 intelligence。如 1873 年英国成立陆军部情报处（War Office Intelligence Branch），1878 年成立印度情报处（Indian Intelligence Branch），1882 年海军成立国外情报委员会（Foreign Intelligence Committee）。而在美国早期 information 用得更多。美国内战时期成立的波托马克河军区军事情报局名为 Bureau of Military Information，1885 年成立的美国陆军情报机构名为陆军情报部（Division of Military Information），美国第二次世界大战时期建立的战略情报机构名为情报协调局（Coordinator of Information）。直到 1946 年美国成立了中央情报组（Central Intelligence Group, CIG, 中央情报局的前身），从此美国以 intelligence 指代情报，information 用来指代信息[43]。
>
> 而在中央情报组成立十年后，达特茅斯会议提出了 artificial intelligence（人工智能）的概念，其中的 intelligence 则被翻译为"智能"。

43、44. 高金虎：《军事情报学》，江苏人民出版社，2017。

无所不能,以至于当时情报界最大的问题似乎是,到底哪些事是情报界做不到的?

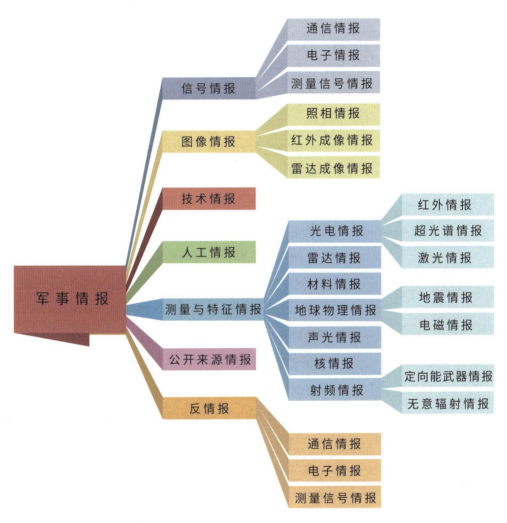

军事情报分类框架[45]

45. 雷厉:《侦察与监视》,国防工业出版社,2008。

第 3 章 智能感知

9·11事件中美国情报界耻辱性的失败令人们惊醒，当今时代最大的挑战是信息过载问题。21世纪的情报界最大的议题是如何应对信息过载。按照EMC公司的研究结果，地球上储存的数据量每两年就会翻一番，意味着在每24个月里生成的数据量超过之前整个人类历史的数据量。这些新的数据大多是非结构化的传感器数据或文本数据，并储存在未整合的数据库中。对于情报机构来说，这既是机遇又是挑战：可供分析并从中得出有用结论的数据很多，但"大海捞针"很难。

美国情报机关试图利用人工智能技术寻找解决之道。通过利用机器学习，计算机辅助情报分析将很快能够提供非凡的能力，在2015年的"ImageNet"挑战赛中，由微软和谷歌开发的图像识别系统打败了人类竞争对手。这些基于机器学习的技术经美国情报机构改进后，用于自动分析卫星侦察照片。这样一来，美国就有可能每天拍照并自动分析地球表面的每平方米土地。

由于机器学习在处理大多数类型的非结构化传感器数据方面很有用，因此机器学习的应用范围很可能会扩展到大多数类型的传感器情报，例如信号情报（sigint）和电子情报（elint）。美军积极将人工智能技术应用于图像等半结构化和非结构化数据的处理。DARPA于1976年开始图像理解（image understanding）项目，目标是开发能够自动或半自动分析军事照片和相关图片的技术。2017年4月，美军成立"算法战跨职能小组"（AWCFT，即Maven项目），分析无人机提供的大量视频信息。该项目将计算机视觉和机器学习算法融入智能采集单元，自动识别针对目标的敌对活动，实现分析人员工作的自动化，让他们能够根据数据做出更有效和更及时的决策。

美军还尝试采用人工智能技术提升多源信息融合能力,构建统一的战场图像。DARPA于2011年设立"洞悉"(Insight)项目,通过分析和综合各类传感器和其他来源的信息,集成烟囱式的信息形成统一的战场图像,发现威胁和无规律的战争行动。该项目用于增强分析人员实时从所有可用来源收集信息、从中学习以及与最需要的人分享重要信息的能力。该项目的目标是提供全面战场态势,增强情报分析人员为战场上时间敏感的行动提供支持的能力。美海军在2016年就开发出能实现F-35B战斗机与"宙斯盾"驱逐舰共享战场情报的联网项目,把连接海上、陆地、空中、太空和网络空间中所有作战要素的能力作为维持作战优势的必要条件。美军情报高级研究计划局(IARPA)也在寻求利用人工智能技术来辅助整理传统情报手段收集的信息。近期完成的知识、发现和分发(KDD)项目可帮助对来自分析或现场报道等不同来源的数据进行归类。

全维全知

如果你有机会询问一个美军指挥官,他最想要的感知能力是什么?估计会得到这样的答案:我要不论任何时候、任何地方或是任何人和事,只要我想知道就能知道的能力。

美军在追求所谓的"全维全透明"战场感知能力的态度上近乎痴迷,大力推进战场信息网络系统一体化建设。1998年美国《国防报告》首次提出了基于信息技术的"资产可见性"概念,通过构建全天候、立体化的战场信息网络体系，提高美军对数字化战场的整体控制能力，增强一体化联合作战效能；围绕对各类战场数据进行多级别、多方面、多层次的智能处理，实现对战场信息的高度共享和高效利用。

战场感知网络体系综合了传感器技术、嵌入式计算技术、智能组网技术、无线通信技术、分布式信息处理技术等，主要由各种传感器以及传感器网关构成，能够通过各类集成化的微型传感器的协作，实时采集战场环境或监测对象的数据信息。为了追求全维感知战场能力，美军长期致力于将指挥控制系统、战略预警系统、战场传感系统、战备执勤监控系统、装备物资管理可视化系统等资源整合起来，构建集中统一的战场传感网络体系，为战场实体基础设施与信息基础设施互联互融互通提供基础。

在海湾战争、科索沃战争和伊拉克战争中，美军的地面、水下传感器经常会受到对手干扰破坏，甚至由于接收对方刻意误导的信息造成判断失误。为了提高战场感知系统的战场生存能力，微型化、隐身化和智能化是未来的必然发展方向。美军希望未来能在智能技术的助力下，通过战场传感网实现所有武器、平台和设备的实时互联与数据共享，最终形成可连通战场任意空间的巨型作战"神经网络"，可以获取陆、海、空、天、电、网、认知等多维战场空间的感知信息，实时获取战时各类军事资源的存储、损耗、变更、补充等动态信息。

为此美军正在通过积极调整战略、开发应用新技术、及时更新装备等措施来提升战场感知系统的生存能力。运用网元监控技术引接网管态势，实时监测战场传感运行状态；集成运用传感测量技术，在多维战场广泛部署战场环境监测装置，随时掌握状态变化；集成整合视频监控和卫星定位技术，配备单兵便携和车载可视定位终端，对战斗员行为和武器装备动用情况实施远程跟踪管控；集成运用信息监控和检测技术，对战场传感信息节点实施安全布控，实时监管各类终端操作，并对各类违规行为及时报警；应用电子传感标签等支撑技术，推进武器装备保障的可视化、数字化和网络化，使未来战场更加"透明"。

目前美军还面临复杂的技术难题，比如复杂和不确定环境下、突发情况下的智能感知问题以及智能目标匹配问题；构建同一战场空间的传感器网络，并将这些传

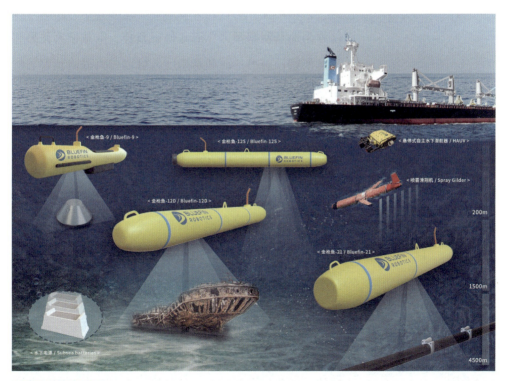

潜航器水下感知网络

感器网络组网，形成统一的、全域共享的战场传感器网络；在某一个传感器或传感器网络遭到打击破坏时，不影响整个战场传感器网络的生存能力等。解决好这些问题，是战场感知系统建设成效的关键。

红色警报

美军在分析海湾战争以来数次局部战争的经验时，认为"战争最致命的武器，不是导弹和战斗机，也不是战舰和坦克，而是部署在该地区庞大的侦察预警系统。"如果说情报是为了在决策中知己知彼，战场感知是为了在行动中无所不知，那么侦察预警就是要在综合研判的基础上，主动向指挥官发出警示甚至行动建议。

侦察预警有多种分类方法，从空间分布的角度，可以分为地基侦察预警、海基侦察预警、空基侦察预警和天基侦察预警等；而任务角度，可以分为战略预警、防空预警、水下预警探测、空间目标监视、反导预警等。

侦察预警在早期的军事行动中基本依靠的是人力，也就是人的视觉和听觉。随着战争现代化步伐的不断演进，越来越多的机械化、信息化装备使得人类根本无法感知到所需要的信息，比如炮弹的轨迹、飞机的动向、电报的内容，都必须依靠信息技术才能"看得见、听得着"。因此现代意义上的侦察预警，基本上都是信息化装备唱主角，人类在其中的主要功能是判断和决策上，也就是知识层面的工作。

侦察预警技术具有很强的对抗性，也就是目标对象具有很强反侦察意图和能力，这是由军事行动的性质决定的。因此侦察预警的发展必然是朝着敌对双方的斗智斗勇不断演进的，在这场"欺骗与反欺骗"的游戏中，随着人工智能技术的深入发展和广泛应用，侦察预警在迅速借助智能化提升自身的能力，其主要特征是分布式、宽覆盖和一体化。

所谓"分布式"就是随着无人系统、远程精确打击武器的广泛应用，"分布式杀伤""分布式防御"等作战概念的提出，作战要素日益分散化，为此侦察预警技术也必然呈现分散化部署的趋势，当然这种分散化必然是以强大的网络信息体系为基础的，如前文所述的"智能微尘"就是这一趋势的典型代表。"宽覆盖"是指侦察预警的威力覆盖和监视范围必将呈大规模增长的趋势，如美军现役最先进的 E-2D 鹰眼预警机配备了 APY-9 有源相控阵雷达，采用先进的数字式时空自适应处理技术，探测空域是 E-2C 的 2.5 倍，距离提升 50%。"一体化"则是指侦察预警在智能技术的作用下，通过智能化的自动识别目标，自主收集、传递和处理情报，大大压缩从目标发现、跟踪识别到威胁预测的过程和环节，实现数据驱动的一体化侦察预警，甚至与打击环节的融合。如美军研制的霍夫曼、粗齿锯等无人坦克可以自我识别战场环境、绘制地形图、识别目标，并将搜集到的情报传回指挥部。而美军的一体化防空反导作战指挥系统（IBCS）在 2018 年 8 月的测试，也成功验证了在大范围内将传感器和拦截单元有机整合，实现了一体化作战的能力。

以应对无人机和蜂群作战威胁为例，人工智能技术可以实现探测手段的多传感器和信息协同能力，快速进行目标识别和分类、自主确定目标威胁等级，大大降低人力判断的负担。

> **知识链接：**
>
> **侦察、监视、预警**
>
> 美国空军条令对监视（surveillance）的定义是"通过视觉、听觉、电子、照相或其他手段，系统地观察某个或某些空域、空间区域、地球表面区域、水下或地下区域、位置、人群或事件时所采取的行动。"侦察（reconnaissance）是"通过视觉观察方法或其他探测方法，获取敌方或潜在敌方活动和资源方面的具体信息，或者极力获取某一特定区域的气象、水文和地理资料。一般来说，侦察有与执行任务有关的时限性要求。"
>
> 侦察和监视在技术上看没有本质差异，从任务角度看其主要区别在于侦察是基于某一特定任务进行了专项信息搜集，而监视则更多是指大范围、长时间的信息搜集工作。这二者的结果都是情报信息，也就是预警体系中的"感知"环节，而预警的作用则是在对情报信息加以分析的基础上，向指挥官提出警示信息甚至是行动建议。

> **知识链接：**
>
> **侦察预警的主要威胁**
>
> 作战空间全域化：威胁目标可能来自太空、临近空间、空中、地上、水下、水上发起全高度、多方位、全距离、多样式的攻击。
>
> 作战时间敏捷化：高超声速飞行器、弹道导弹、高能微波、高能激光武器等将大大压缩侦察预警的时间。
>
> 作战对象隐身化：下一代战斗机、下一代轰炸机、LRASM、弹道弹道、蜂群等隐身能力越来越强。
>
> 作战平台无人化：各类无人作战平台数量急剧增多，有人无人结合的作战方式。
>
> 作战背景复杂化：作战区域杂波和信息冗余激增，自然干扰、无意干扰、欺骗压制等交织缠绕。
>
> ——引自《世界军事电子年度发展报告 2018》

另外，探攻一体的雷达可以实现目标探测、预警指挥和打击的一体化。早在 2005 年，美空军就开始研制具有攻击能力的有源相控阵雷达。对 E-10A 飞机的 AESA 雷达的计算表明，该雷达具备使目标的敏感电子器件性能降低和失效的能力[46]。也就是说，它不但是用来发现目标的侦察预警设备，而且是攻击目标的微波武器，这对于未来智能化作战特别是针对无人机和蜂群作战的意义不言而喻。

---

46. 中国电子科技集团公司发展战略研究中心：《世界军事电子年度发展报告 2018》，电子工业出版社，2019。

低空无人机常用探测技术[47]

技术	原理	优点	缺点	最大距离
雷达	主动发射和接收信号,探测定位测量目标	距离远精度高 全天时全天候	易被侦察 安全性低	10千米
光学	光学被动成像	体积重量功耗低 技术成熟	易受天气影响	数百米
射频	被动接收无线电信号,进行定位和分类	成本低、功耗低	无法感知静默状态的无人机	数百米
声学	被动接收声信号,对目标进行定位和分类	成本低、安全、功耗低	受环境影响大(如嘈杂城区或大风影响)	数百米

47.中国电子科技集团公司发展战略研究中心:《世界军事电子年度发展报告2018》,电子工业出版社,2019。

3.4 小结

> 因为一个观念的存在，正在于其被感知……所谓它们的存在就是被感知……精神（心灵、灵魂或自我）的存在是感知不到的。
>
> —— 乔治·贝克莱

古今中外的任何一支军队，莫不把感知作为作战的前提与基础，通过尽可能多地获取信息，从战争涉及的各个层级、各个领域、各个时间的态势全面掌握，以此确保正确地判断、科学地决策和有效地行动。但正如人们常常把贝克莱的这段话简化为"存在就是被感知"，人类感知到的世界始终只是世界的一个片段而已，而随着信息技术的爆炸性增长，人类的信息处理能力早已不堪重负，信息冗余、情报过剩、真假难辨等一系列挑战接踵而来，信息越来越多，感知却越来越难。

人工智能技术似乎在一夜之间令"垃圾信息"摇身一变成了"数据宝藏"，表面上看这不过是由于人工智能的信息处理能力比人类更强大，但实际上是感知模式的深刻改变，传感器和传感网更加数字化、智能化、一体化，很多过去人类无法理解的信息变得更加有意义。

但从技术的角度看，任何一个体系都有自己的目标和能力限制。如果感知的目标是无所不知，那么感知的

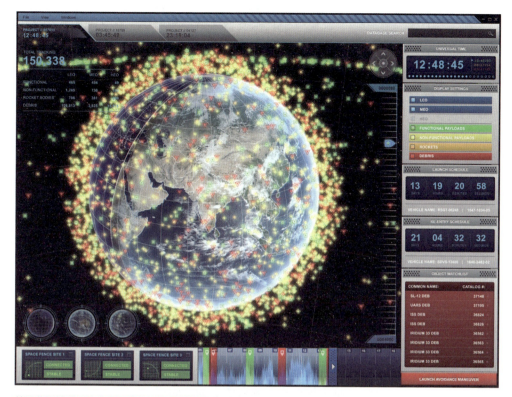

美军监视地球周边太空活动的"太空篱笆"

广度就需要覆盖到政治、经济、军事、文化、地理、气象等所有方面，要做到时间上下五千年、空间寰宇无遗；深度要能够刻画每个人的内心活动；精度就需要做到量子级；频度就需要做到实时化。

显然这样一个感知体系是不现实的，因为战争中所要感知的对象是非合作的，甚至是对抗的，不论是人类的感知体系还是智能化感知体系，在军事上都面临同样的挑战：

1. 作战对象导致的非完备性。作战目标一定是非合作的，这是战争对象的基本属性，与战争形态无关。非合作目标意味着不可能对其做到完全意义上的透彻感知，也就是说感知的结果一定是不完备的。

2. 对抗性导致的非最优化。战争的对抗性首先作用于感知体系，无论是否在智能化条件下，这种对抗性都会导致感知的过程注定是不完美的，也就是说感知的过程不是最优的。

3. 作战体系导致的非支配地位。无论智能感知的水平有多高，在军事上都只能是决策、指挥、行动的支撑辅助环节，尽管其所发挥的作用可以是决定性的，但其在战争中仍然是从属地位，不具有支配地位。

（推论7：感知本质）

以上推论不是为了证明全维全时全透明感知的不可能实现，而是为了强调战争中的感知是为了行动，行动是为了获胜，因此感知不但在广度上是有范畴的，在深度上也是有限度的。从这个意义上讲，人工智能技术应用于感知，并不是要追求无所不知，而是要追求能在对抗中提炼出获胜所需要的"知识"。

这，才是真正意义上的智能感知。

第 4 章
智能指挥决策

> 战场上永远充满着混乱。谁能在这片混乱之中控制好自己,掌握住敌人,谁就是胜利者。
>
> —— 拿破仑·波拿巴

4.1 战争交响曲

> 战术就是在决定点上使用兵力的艺术，其目的就是要在决定的时机、决定的地点上，发挥决定性作用。
>
> —— 约米尼

指挥决策既是一种艺术，也是一门科学。它是作战体系的灵魂，也是战争制胜的核心。人工智能的拥趸认为，智能化指挥可以通过数据挖掘、智能识别、辅助决策等手段，对海量信息予以去粗取精、去伪存真，减少主观误判干扰，确保指挥员客观判断形势，下定正确决心，通过提升指挥决策的正确性，大大提升作战效率和胜出概率。

果真如此吗？

本章将围绕指挥决策的艺术性和技术性混合特征，先从指挥史入手探讨指挥决策中的领导力、决策力和控制力等核心问题；再以流程化的 OODA 环为切入点，考察指挥决策技术的演进趋势；最后探讨智能化指挥这一未来技艺究竟是怎样的。

艺术与技术

作战指挥在很多时候与乐团指挥有异曲同工之处，面对一个由不同乐器和乐手组成的交响乐团，如何让其遵照乐谱的指引，合奏出最完美的乐章？美军的一篇论文中曾对战斗指挥给出过一个精彩的定义，即"利用领导和决策来取得任务成功的艺术和科学"。[48]

之所以说这个定义精彩，是因为从该定义很容易得到以下推论：

1. 指挥的本质，既具有强烈的主观色彩和心理学因素，同时也是一个科学规律驱动的系统过程。而无论艺术抑或科学，都属于脑力活动。

2. 指挥的工具是领导权和决策力，这二者是部队指挥权的源泉，前者具有政治属性，后者具有心理学属性和管理学属性。

3. 指挥的目标是赢得任务的成功，也即指挥是一个具有高度实践性的活动。

（推论8：指挥艺术）

由以上推论可以看出，指挥是发自于精神世界，藉由人的社会属性为工具，对外界进行改造的一种实践活动。但是这种表达可能会让很多人觉得，战争中的指挥决策和人类生产活动中的指挥决策没有什么区别，诚如马克思所言"人类怎样生产，就怎样战斗"。所以我们需要对二者的区别做出简要对比，见后表。

可以看出，与他人的关系问题，是生产组织与作战指挥中最为本质的差异，为了凸显这种差异，极端一点的说法就是：生产是与他人合作改造自然的过程，而战斗则是利用环境征服他人的过程。由此似乎可以得出一

48.（美）科特：《战争认知》，电子工业出版社，2015。

	生产组织	作战指挥
人	劳动者	战士
技术	劳动技能	战斗技能
装备	劳动工具	武器装备
资源环境	生产资料、改造对象（利用）	作战环境（利用）
他人	交易对象（竞合）	作战目标（征服）

个结论，就是作战指挥要比生产组织更加具有社会性、对抗性和不确定性，也就是艺术性的特征更多一点。

当然，对于作战指挥的理解，还有很多不同方式的表达，但都是根据某一特定历史阶段做出的理论抽象，比如在2004版的美军联合作战条令中，就将指挥控制定义为六个部分构成的一个环形结构，如下图所示：

美军转型计划中的指控模型

可以看出，这是美军在推进信息化转型过程中提出的理论模型，其带有很强的时代性和局限性。应透过现象看本质，从作战指挥的艺术性和技术性两个属性入手，重点探讨指挥中的核心问题。当然在开始讨论之前，有必要回顾一下人类的作战指挥史。

极简指挥史

从战争史来看，电报的发明和使用堪称作战指挥领域的分水岭，在此之前，由于受到信息传递手段的严重制约，再伟大的指挥官也无法超越传令兵限制，因为战斗一旦开始，时间就将成为决定生死的关键要素，而指挥官"时空错位"的指挥决策将会给部队带来灭顶之灾。

当成吉思汗于13世纪横扫欧洲的时候，他本人也无法确切知道某一支骑兵部队的动向，更遑论做出有效的指挥了，所以成吉思汗的指挥模式就是先制定作战计划，然后凭借经验丰富的基层指挥官来遂行作战，当然这种模式的基础是彼此之间的高度默契。这一点在成吉思汗与花剌子模帝国的对决中表现得淋漓尽致。

时间进入19世纪，拿破仑也难以突破传令兵的限制而施展其军事天才，但在当时技术条件下他已经将指挥技术发挥到了极致，1805年，拿破仑利用"司令部"和骑兵传令官，在乌尔姆战役中指挥20万法军进行机动移防、合围和协同进攻，不但弥补了自己在战斗初期的重大战略失误，而且取得了对奥地利的决定性胜利。对于没有电报的拿破仑而言，其指挥能力的极限就是250公里内的7支部队而已。

历史上最卓越的指挥官都无法逾越的时空障碍，最

> **知识链接：**
>
> **成吉思汗征服花剌子模**
>
> 公元1219年，成吉思汗倾尽蒙古20万骑兵，大举进攻坐拥50万大军的花剌子模帝国，阿拉丁摩苛末苏丹严阵以待，布置了长达近千公里的防线。成吉思汗充分发挥蒙古骑兵的高度灵活、急掠如风的优势，将麾下的部队分为5个独立的进攻部队：两支负责对花剌子模帝国的城市"围而不攻"长达7个月；一支负责攻击防线南翼，吸引并牵制敌人；而最后两支是制胜的关键，分别由哲别和成吉思汗本人率领，从南北两个方向对花剌子模帝国实施致命突袭。
>
> 这份作战计划是1219年战事开始前制定，在随后2年多的时间里，不但作战计划无法做出重大调整，五支部队之间甚至都基本没有相互联络，当然蒙古骑兵的快马和猎鹰也承担了一些通信兵职能，但蒙古骑兵主要还是凭借高超的军事素养和长期征战的默契，才得以成功贯彻成吉思汗的宏大作战计划，最终实现了对花剌子模的军事征服。

终却被一个叫电报的技术终结了。有专家认为，历史上首次将电报应用于作战指挥的是1853年克里米亚战争。也有人认为是美国南北战争，因为当时电报已经被普遍配置到了师一级司令部，而师以下的仍然依靠骑兵传令。[49]

电报和随后出现的电话，标志着作战指挥进入了信息时代，在此之前的作战指挥史基本都可以称之为"前信息时代"。这两个时代的最大差异是由于技术手段的介入，作战指挥的手段在时间和空间上突破了生物能力（人和马匹）的束缚，但并未突破智力的束缚，作战指挥的核心仍然是人的主观思考，虽然有观点认为"自动化指挥"应该算作一个全新的时代，但相比人工智能技术将要带来的影响，自动化指挥更应被视为信息化指挥和智能化指挥之间的过渡。

当前，各种信息化武器在实际应用中产生海量数据，为指挥决策提供依据，但同时信息量的增加使得人类的分析能力捉襟见肘；为了应对类似问题，军事指挥史上曾发生过数次变革，其中最重要的就是司令部和参谋部的设立，决策和指挥的角色分离设立，使得作战行动更加高效，也更加协调。

随着多维战场空间融为一体，时间敏感目标不断增多，战争进入发现即摧毁的"秒杀"时代，而人工智能武器的出现使得交战各方的博弈更加复杂，依靠人类指挥员根据各种数据作出决策、发布指令已经无法跟上战争的变化速度，指挥决策的时间成为了作战效率的关键点，作战指挥进行重大变革已经迫在眉睫。

人工智能技术在处理信息和快速反应方面的优势，难免使人产生联想：未来作战中是否会出现这种场景：指挥官更多的是制订方案、确定目标，而具体实现路径、

> **知识链接：**
>
> **军事指挥大事记**
>
> 距今5000年前，人类驯化马匹。
>
> 中国商朝，旗、鼓、角、金等传令工具发明，传令兵"来僖告知"。
>
> 中国秦汉，狼烟传信，长城开始修建。
>
> 公元11世纪，成吉思汗建立欧亚驿传组织，信息日行800里。
>
> 1844年，电报发明。
>
> 1875年，电话机发明。
>
> 1895年，无线电报发明。
>
> 1915年，美国与法国建立越洋语音通信。
>
> 第二次世界大战，英国建立"本土链+超级机密+扇形站"防空指挥系统。
>
> 20世纪50年代，美军提出C^2概念。
>
> 20世纪60年代，美苏建立核武器自动化指挥系统，美军提出C^3I概念。
>
> 20世纪70年代，美军提出C^4I概念，并逐步演化为C^4ISR。

49.（美）麦克格拉斯：《穿越火线——机动作战指挥的演进与发展》，辽宁大学出版社，2013。

甚至具体过程都可以由人工智能甚至是智能化武器自己选择。所以问题来了：

作战指挥到底该听谁的，人还是机器？

谁说了算

2019年3月10日8时38分（当地时间），一场举世震惊的空难让人与机器的关系问题成为了全球热点，埃塞俄比亚航空一架波音737MAX8飞机在起飞6分钟后坠毁，机上157人全部遇难，而就在该空难发生半年前，印尼的一架同型号飞机也发生了空难，机上189人全部遇难。

截至目前的各种分析都表明，这两起空难是由飞控系统的硬件故障引起的，而最令人揪心是，飞行员原本是可以避免这种空难的，但由于机器接管了控制权，飞行员只能眼睁睁地看着346人死亡。

埃塞俄比亚航空波音737空难

不论是哪个领域，人与机器谁掌握领导权都是一个非常核心也非常棘手的问题。随着信息化技术和应用的迅猛发展，军队信息获取能力陡增，战场透明化不再是梦想。但问题随之而来，冗余信息泛滥、真伪信息并存，指挥决策极易受到干扰，甚至被虚假信息误导。加之人工智能技术的大量运用、自主性武器的大量配置、时间敏感目标的大量出现，要求智能化、快节奏的指挥决策。把人类的领导权让渡给机器似乎已经成了一种时代的必然。

但战争事关人的生命和国家存亡，将领导权让渡给机器真的靠谱吗？战争史上，早就发生过因为过度依赖机器决策而导致的重大悲剧。1988 年 7 月 3 日，美国"文森斯"号巡洋舰，就因为盲目地将决策权交给"宙斯盾"系统，导致计算机直接下令摧毁了一架伊朗航空的客机，致使 290 人罹难，其中包括 65 名儿童。

影响作战指挥的不但有武器装备、力量编成、作战环境和作战对象等因素，甚至还与指挥者的文化信仰、心理状况、个人经验等高度相关，但由于技术手段在其中的特殊重要地位，当前的军事界和科技界已经将"作战指挥权之争"简化为人机关系问题：人应该在感知、决策和行动的环路中扮演什么角色？

第一种回答可称为半自主，就是说人应该成为整个环路的一部分，没有人的参与，环路无法正常运行。这样做的好处就是能够确保整个环路在运行时，完全遵循人类意志。钱学森先生提出的"综合集成研讨厅"在某种意义上就可以视作半自主。而这种模式可能导致的问题就是运行效率大大降低，因为人类的速度、能力与机器相比越来越成为一种累赘，甚至某些情况下"人在环中"

> **知识链接：**
>
> **伊朗航空 655 号航班空难**
>
> 1988 年 7 月 3 日，美国巡洋舰"文森斯"号（U.S.S. Vincennes）正在波斯湾巡逻。它的雷达观测到了伊朗航空 655 号——一架喷气式客机。这架客机在按正常的航线和速度飞行，所发出的雷达信号和无线电信号表明它是一架民用客机。然而，自动化的宙斯盾系统是为在开阔的北大西洋海域攻击苏联的袭炸机而设计的，它并不适应波斯湾民航客机繁忙的天空。该计算机系统在屏幕上给这架客机做了个标记，使它看上去像一架伊朗 F-14 战斗机。因此，它成了一个"假定的敌人"。
>
> 即使硬数据告诉船员们，这架飞机不是战斗机，但他们更愿意信任计算机传递给他们的信息。当时"宙斯盾"系统使用的是半自动化模式，但船上船员和军官没一个愿意质疑计算机的智慧，而是授权计算机开火，最终 655 号航班上 290 人无一幸存。

"文森斯"号击落伊朗航空 655 客机示意图[50]

50. 图片来源：http://mil.eastday.com/a/170619193534788.html。

的模式可能导致整个系统根本无法发挥作用。

第二种回答可称为监督自主，就是说人不参与环路的具体行为，但拥有对环路的监督权与否决权。这样做的好处就是能够在不降低系统效率的前提下，对可能的风险进行人为干预。但从实践看，这显然具备极大的风险，如伊朗655号航班即是毁于此类系统。

第三种回答可称为全自主，就是说人既不参与环路的具体行为，也不拥有对环路的监督权否决权，这种观点认为，最不安全的因素是人，把一切交给机器之后人反而是最安全的。这种观点催生出的就是完全自主的致命性武器。美军目前实质上推崇的就是这种理念。

可见人机指挥权之争，已经发展成为智能化指挥技术发展的路线之争，也许还将演变成为未来一段时间内军事家、科学家乃至哲学家和社会学家们争论不休的重大议题。笔者疑惑的是，如果连战争的指挥权都可以让渡给机器，人类还有什么不可以放弃的呢？

尊严吗？

人与环

机器卧龙

在中国历史上灿若繁星的军事家中，诸葛亮可能是最具传奇色彩的了。我们借用孔明先生来假设一个有趣的问题：抛开指挥权不谈，仅仅从指挥能力上看，卧龙先生和人工智能是如何构建自己的指挥能力的呢？

利用对比的方式，可以得到下面这样一个列表：

		诸葛亮方案	人工智能方案
领导力	集权分权	法纪＋道德＋权术	多智能体协商
	识人用人	人际交流＋经验＋直觉	情感计算
决策力	军事谋略	学习兵书	专家系统、知识图谱
	兵地要志	勘察＋资料	知识工程
执行力	排兵布阵	情报＋知识＋经验	智能规划
	信令传递	传令兵	指控网、数据链
	临阵指挥	情报＋知识＋经验＋直觉	自动推理

对于人类指挥，已经有太多的理论分析与战例总结。而对于人工智能的指挥能力我们却知之甚少，为了便于理解，我们采取由表及里的方式，先讨论人工智能在执行力方面与人类的异同和关系，这是因为按照常理，执行力是最容易被机器实现的部分，诸葛亮当年发明的"木牛流马"就是一个纯粹意义上的执行机构。同理推之，在作战指挥这个高度艺术化的实践活动中，最容易被机器模仿和实现的，可能是在执行力方面。

在作战指挥中人工智能最擅长的，除去前文已经探讨过的情报，就是规划了。早在"沙漠风暴"行动期间，美军就已经开始使用名为"DART"的智能规划工具，采用自动推理，显著改善行动中后勤和其他领域的规划问题。将原本耗时几个星期才能完成的任务，压缩到数小时内完成。该任务同时涉及数万车辆、货物和人，而且必须考虑起点、目的地、路径以及解决所有参数之间的冲突，其显著的效果令 DARPA 颇为得意地宣称："仅智能规划这一项应用成果，就足以补偿其在人工智能方面过去近 30 年的投资。"

2017 年，美国开发了自动计划框架（APF）原型，帮助指挥官和参谋人员分析军事决策过程，评估机动、后勤、火力、情报及其他作战行动过程，提供加快指挥官规划和发布指令速度的关键技术。自动计划框架是一个自动化工作流系统，在任务规划相关的标准图形和地图中嵌入了实时数据、条令数据，为军事行动提供通用的参照系。借助自动计划框架，指挥官和参谋人员可通过军事决策程序同步工作或在规定时间内按任意顺序生成最佳计划。

智能规划在游戏领域也被充分使用。基本上所有的战争类游戏都会用到这项技术，而很多战争游戏中电脑对于作战单元的指挥控制水平，更成为衡量人工智能发展水平的重要标志。在人工智能"阿尔法狗"战胜李世石一年之后，谷歌旗下的人工智能在战争游戏"星际争霸"挑战人类玩家，结果人类玩家 4∶0 完胜电脑，充分体现出实时战争类游戏的复杂程度远非棋类可以比拟。

2019 年 1 月，谷歌旗下 DeepMind 开发的人工智能 ALphaStar 在"星际争霸 2"（Starcraft Ⅱ）中击败了两位人类职业玩家，这是 AI 领域的新里程碑。在比赛中 AI 玩家在连续 10 局中击败人类。而在最后的对决

> **知识链接：**
>
> **智能规划**
>
> 智能规划（intelligent planning）又称自动规划或机器规划（automatic planning、automated planning、robot planning），是一种重要的问题求解技术，与一般问题求解相比，智能规划更注重问题的求解过程，而不是求解结果。此外，智能规划要解决的问题大都是真实世界问题，而不是比较抽象的数学模型问题。它是继专家系统和机器学习之后，又一个重要应用领域，是一种高级求解系统与技术，具有广泛的应用场合和应用前景。

中，职业选手格里戈尔兹·"曼娜"·科明兹（Grzegorz "MaNa" Komincz）为人类赢得了唯一一次胜利。

需要注意的是，这次游戏对人工智能的能力进行了限制，如将其操作作战单元的速度（游戏术语 APM）控制在了普通人的水平，也就是还不如职业选手速度，但即便如此，AlphaStar 也展现出在战场上快速、果断地控制单个或少量部队的出色能力，甚至在人类玩家训练出更强大的作战单元的情况下，人工智能依然能够凭借出色的排兵布阵和临场指挥，在近距离内战胜人类选手。

这场对抗震动了很多军事家，人工智能在军事上的意义如此明显，以至于我们要怀疑：战场指挥还需要人吗？要回答这个问题，可能要先搞清楚智能化作战的指挥控制与以往的指挥控制是否存在根本性的不同。如果答案是肯定的，那么人类就必须改变目前的指挥体制，甚至是放弃战场指挥权。

在 2018 年底出版的《智能时代的指挥控制：任务共同体机制和模型研究》[51]一书中，作者对工业时代和信息时代的指挥控制进行了对比，随后作者又提出了几个信息时代指挥控制面临的问题。

虽然该书的作者倾向于智能化指挥控制只是信息化指挥的高级阶段，这点与本书作者有着本质不同，但书中提到的这些问题，却可以为我们探究智能时代指挥控制提供某种特殊的视角。

> **知识链接：**
>
> **兰彻斯特方程**
>
> 作战中的人员损耗和装备损耗是作战规划中的基本问题之一。1914 年，英国人兰彻斯特提出了一个半经验半理论的微分方程组，对战斗中双方的兵力变化给出了一个数学解释，虽然对该方程组的有效性还有所争议，但在众多专家的不断改良下，它已发展成为一种颇具解释力的数学方法。时至今日，兰彻斯特方程不但已经成为公认的军事运筹学的基石之一，甚至也成为很多军事类电脑游戏的基础算法：
>
> $$\frac{\mathrm{d}m(t)}{\mathrm{d}n(t)} = \frac{-\beta n(t)}{-\alpha m(t)}$$
>
> 式中 α、β 分别为蓝方、红方在单位时间内每一战斗单位毁伤对方战斗单位的数目，简称为蓝方（或红方）毁伤率系数。在双方使用步兵武器进行直瞄射击的情况下，毁伤率系数等于武器的射速乘以单发射弹命中目标的概率与命中目标的条件下毁伤目标概率的乘积。

---

51. 朱江：《智能时代的指挥控制：任务共同体机制和模型研究》，电子工业出版社，2018。

	工业时代	信息时代
发展理念	预测/计划	准备/适应
	满足具体任务需要	发展自身敏捷性
指控过程	奉命行事、按章办事	理智办事、相互协作
	控制	协同
	限制部署	激励部署
	它同步	自同步
信息流程	与指挥链相连的垂直关系	独立于指挥链的水平关系
	使用-分发的主客关系	主动发布-按需接受的对等关系
	授权交流信息	平等交流信息
	储藏信息、信息独有	信息共享
决策流程	统一周密决策	群决策、自主决策
	规定顺序	动态协调

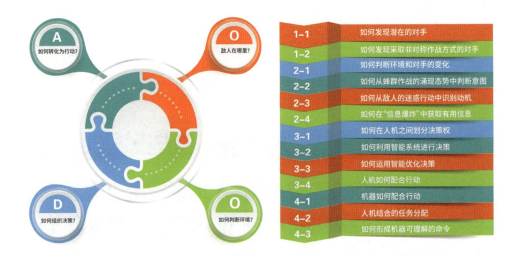

互联互通互操作

前文已经讨论过通信系统对军事指挥控制的巨大影响,没有现代化的通信系统,即便伟大如成吉思汗和拿破仑那样的军事家,也只能在极为有限的范围内施展才华。电子信息技术应用于通信,已经成为指挥控制史上迄今为止最大的变化,那么人工智能技术会对作战指控产生又一次划时代的影响吗?

现代通信技术对作战指挥最大的贡献,就是解决了远距离点对点信息传输的难题,因而这项技术发展的目标,就是要不断提升通信性能,进而实现信息优势。例如提升通信系统的可靠性、带宽等指标,从而实现可靠的作战功能。

然而战场的需求可能远不止于此,未来战场上错综复杂的电磁频谱环境,人机混合的海量作战单元,虚实交叠的多域作战行动,都决定着未来战场上的通信不可能是点对点,甚至是多点对多点的,只能是网络化的,甚至是人、机器和环境同时在线的一个超级指挥控制网,这也许就是"数据链"的智能化发展方向。

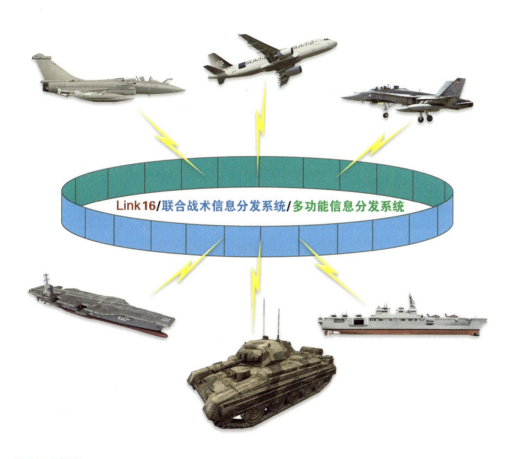

Link16 数据链

数据链的智能化发展已经成为学者讨论的对象，如陈赤联在 2019 年发表的一篇论文中就指出："对于数据链系统，虽然没有明确提出智能虚拟化的概念，但其设计理念事实上已经融入其中。比如数据链系统所使用的消息标准，就是对各作战要素实现虚拟化的过程，其核心问题是解决机器对机器的比特化交互，实现机器对机器的自主理解。例如 Link16 的 J 系列消息，由美军标准 MIL-STD-6016 所规定，是美国三军联合作战互通的基础，可以实现网络管理、状态报告、威胁告警等功能，以及指挥控制空中战斗、电子战等复杂作战任务。一条 J 系列消息所包含的信息量非常庞大，每一个比特都有明确的意义和任务，如此大的信息量是人员无法操作的，必须依赖机器自主地完成大部分处理。随着传感器、武器等功能节点完全与本地平台剥离，本地平台将仅仅作为这些功能节点的物理载体。被剥离出来的功能节点将组成数个新的网络或资源池，如传感器资源池、武器资源池等。传感器数据和控制权的共享范围将进一步扩大，从而将'观察链'与'杀伤链'无缝连接，缩短发现到打击的时间。事实上，这一过程已经潜移默化地引入了'智能'的概念，只是离我们期望达到的智能还有一定的距离。但毋庸置疑的是，数据链未来的发展，必然会走向智能。"[52] 作者还提出了一个"浮云、泛网、微端"的智能化数据链架构，我们可以借此一探未来指控体系的究竟。

"浮云、泛网、微端"，就是将复杂、昂贵的有人飞机作战能力分散给多样化的系列无人平台，每个平台具备某一个或某些功能，通过体系融合，多平台能够在整体上达到甚至超越全平台的作战效能。从另一个角度

> **知识链接：**
>
> **数据链**
>
> 数据链是指互通数据的链路，而在军事上所说的数据链就是一张数据网，就像互联网一样，只要你有一个数据终端就可以从这个数据链里获得自己所需要的信息，就如同电脑上网一样，同样你也可以使用终端往这个数据链路网里添加东西。
>
> 通俗地讲，最完美的军事数据链就是所有单位贡献数据信息，比如一架无人机发现某个地点有部队，首先它可以通过数据链来识别该地区是不是有自己的部队，进而识别该部队是敌人还是友军，而当识别为敌人之后就可以通过数据链发布消息。这样不管是地面上的陆军坦克还是空军战机，还是后方指挥部都会获得这一消息。
>
> 而这个网络功能可以不断细化，比如组建一个专门的救护系统，战场上有人受伤，可以立刻把伤员的位置、受伤部位、伤员信息等都发布上去，而救护部门只要不停地检测有没有出现新的伤病信息就可以，只要出现伤员信息，根据报告的伤员相关信息准备好相应的急救装备，然后联合敌我双方的分布数据来选择一条安全的通道奔赴伤员所处位置进行快速有效的救护。而且甚至可以让已出发在空中的救援直升机顺路接收新的伤员，这样对提高救护效率是一个巨大的帮助。

52.陈赤联等:《数据链: 破局而立者生》,中国电子科学研究院学报, 2019 (4)。

来理解，就是降低了平台的复杂度，但提升了体系的复杂度。复杂体系中更大体量的数据处理和平台间交互，依赖于数据链智能化程度的提升。正如美国太平洋空军司令卡莱尔上将以及美国空军情报主管德普图拉中将所阐述的观念："不断进化的数据链是实现作战云体系的关键。"

> **知识链接：**
>
> **智能化数据链："浮云、泛网、微端"**
>
> "浮云"与"泛网"意指基于无处不在的网络实现全维跨域协同、高度融合与自然聚散，打破了作战平台与传感器、武器之间的硬链接，以松耦合方式构建完整"杀伤链"，其精髓是"聚零为整、化整为零"。未来的数据链网络能够根据作战发展和态势变化，将预规划与在线规划相结合，支撑随遇接入，并实时调整网络拓扑。"微端"可以从三个层面理解，一是载荷"微"，二是代价"微"，三是影响"微"。载荷"微"是基于共享资源的理念，降低载荷量，提升智能化程度。这将使无人平台不断向小型化和智能化发展，并将从战场支援角色转变为作战链的全程参与者甚至主导者。无人平台无需具备全套复杂功能，仅需要具备某项或某几项功能，在保证最小通信能力的基础上完成雷达探测、电子战、精确打击、目标成像等功能中的一项或几项，并最终通过数据链实现各种离散功能的体系加成。代价"微"可以理解为利用这种分布式的作战体系有助于推动无人平台的小型化和功能简单化，从而大幅降低无人平台的成本与生产周期，使得集群作战具有现实意义。在笔者看来，利用高价值平台，其集群的效能提升与成本投入之比还需要仔细讨论。影响"微"则是指这种分布式的体系具有自我修复功能，即使单个平台或局部平台受损，也不会造成整个作战体系的瓦解。

4.2 艺术的技术

> 战争是门艺术,而不是由固定公式推出的受感情支配的解释。
>
> —— 巴顿

决策本是一门艺术,但人工智能却似乎希望将其变成一项数据驱动的技术。而由于决策本身的心理学特质,甚至一些科学家也不认为人工智能可以实现类似人的决策水平,达特茅斯会议的与会者之一西蒙就曾说:"不管过去二十年出现的程序化决策制定技术的意义如何重大,不管由于使用了复杂的程序而在传统上认为不可程序化的领域中取得的进步有多大,这些发展对于管理决策制定活动的重要部分仍然未加触动。许多或多数由中层和高层处理的管理问题仍不能进行数学的处理,也许永远不行。"[53]

OODA 没有环

说起博伊德,很多人可能不太熟悉,但要是说起 OODA 环估计很多人都会恍然大悟。有人将 OODA 环的创立者博伊德称作"20 世纪以来甚至是自孙子以来最

---

[53]. 韩志明:《作战决策行为研究》,国防大学出版社,2005。

重要的战略家"。美国海军上将克鲁拉克曾说,"不仅海湾战争的胜利属于博伊德,未来战争的胜利也属于博伊德。"科林·格雷也将其视为20世纪最重要的战略家之一:

"博伊德至少应该因OODA环而得到人们的赞誉……该循环能够应用于战争的战役、战略和政治层次……它看起来也许过于简单,无法归于宏大理论之列,但也正因它的优雅而简洁,(它才)有着极广的应用范围,体现出对战略本质的高超洞察力。"[54]

尽管博伊德本人与美军的官僚机构始终不睦,但OODA环早已被美军领导层视为战争圭臬,1996年美军制定的《2010年联合构想》中就明确提出,美军将要取得"OODA环的主导权",能够"比对手更快地观察、判断、决策和行动"。随后更陆续发展出"空地一体战""震慑作战"等一系列作战理论。

54.(英国)科林·格雷:《现代战略》,伦敦,牛津大学出版社,1999。

知识链接:

约翰·博伊德

博伊德1927年出生于美国,他是一名出色的美军飞行员,人送外号"40秒博伊德",意思是在一对一空战中,他可以在40秒内击败任何对手;作为军事教员,他为美国空军写了《空中攻击研究》一书,提出机动与反机动理论,总结了空中格斗的所有战术动作,至今无人超越。他提出了改变世界空战模式的"能量－机动理论",其核心思想是,战机在空中格斗时,抢占先机的关键不在于速度和推力,而在于战机的能量转换速度。"能量－机动理论"不仅带来了空战的革命,更成为战斗机设计的基本依据。博伊德在美国国防部供职期间,先后主持了后来被定名为F-15、F-16、F-18、A-10的一系列重要飞机设计,大大改变了美国空军的装备体系。

退出现役后的博伊德开始从事军事理论研究,他提出的OODA环理论认为,所有的敌对对抗行为都可分成四个基本要素:

(1)观察(observe)和了解情况;

(2)根据当前局势做出判断(orient);

(3)制定应对决策(decide);

(4)把决策付诸行动(act)。

获胜的关键是要掩盖你的意图,使对手无法预料你的行动,而你同时还要搞清敌方的意图。也就是说,你要设法比敌方更快完成OODA环,进而干扰、延长、打断敌方的OODA环,造成敌方的迷惑、误判、丧失作战意志,帮助己方最终取得胜利。

"OODA环"让博伊德大红大紫,但真正奠定他思想家地位的却是他对战争理论的卓越贡献。尤其是他提出了消耗战、机动战和精神战3种冲突类型,引入了"物理—心理—精神"三个战争层次的概念,对构建第四代战争理论具有重要意义。

博伊德从未在公开出版物上发表过他的思想,但关于他的文章却比比皆是,难怪其传记作者说,他是"当代最不为人所了解的名人"。博伊德生前清苦,一家人生活在阴暗潮湿的地下室,他自己也因无钱买书而常常在书店阅读,他的思想也是在死后才受到美军重视的。

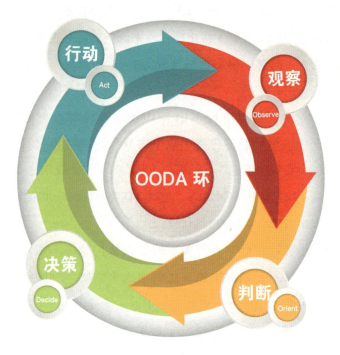

OODA 环

很多人已经意识到,美军之所以如此重视人工智能,与其军事理论中追求能量转换速度的 OODA 环密不可分,按照 OODA 环来看,多年来美军经过空地一体作战、网络中心战、快速机动联合作战等一系列军事改革动作,在感知、行动环节基本上已经"快到极致"了,但判断和决策两个环节却迟迟没有大的进展,因此美军无法"比对手更快地完成 OODA 环"。

而人工智能的第三次浪潮,正好给了美军一把提高"判断"和"决策"速度的金钥匙,另一方面,也成为其切入对手决策循环的利器。从这个角度看,指挥控制环节毫无疑问将成为此轮军事智能发展的重中之重。美国国防部前副部长沃克曾指出:"利用人工智能等技术,可以压缩指挥员在观察、判断、决策、行动(OODA)

环中的时间，实现多域联合作战指挥与控制的目标，以取得未来战争的制胜权。"

DARPA 曾于 2007 年开展一项名为"深绿"（Deep Green）的研究项目，将人工智能引入作战辅助决策，预测战场上的瞬息变化，帮助指挥官提前思考判断是否需要调整计划，并协助指挥官生成新的替代方案。

"深绿"项目通过对 OODA 环中的观察和判断环节进行多次计算机模拟，提前演示不同作战方案可能产生的各种结果，对敌方行动进行预判，协助指挥官做出正确决策，将指挥官的注意力集中于决策选择，而不是方案细节的制定。

"深绿"于 2011 财年被终止，其原因是多方面的，既有当时技术上存在的风险，也包括经费、人员等各方面因素。有专家将"深绿"与"阿尔法狗"进行了理论上的融合，就得到了一个智能化指控系统。

"深绿"项目操作概念图

2016年，美陆军启动指挥官虚拟参谋（CVS）项目。目的是采用工作流和自动化技术帮助营级指挥官和参谋监控作战行动、同步人员处理、支持实时行动评估，在复杂环境中为决策制定提供可用的信息，该项目集中体现了美军对使用人工智能技术实现指挥决策智能化的设想。

> **知识链接：**
>
> **指挥官虚拟参谋（CVS）能力列表**
>
> （1）指挥员专用工具：辅助指挥员理解、显示、描述、指挥的手持工具，可不受位置限制地使用。
>
> （2）协作工作流：支持指挥员和参谋随处开展任务编排、跟踪、产品及任务交付物的生产和共享。
>
> （3）数据汇聚：面向任务需求获取相关信息，向指挥员提供整合后的数据集。
>
> （4）敏捷规划：领域无关的集成规划能力，支持战争博弈、准备、排演，及实现任务执行过程中的人机协作。
>
> （5）评估：基于当前、未来及替代方案等，向指挥员持续提供计算机支持的在线评估。
>
> （6）预测：基于态势数据和当前计划，识别和推理态势的演变，生成告警和具有一定置信度的未来态势图（很可能是"深绿"的延续）。
>
> （7）建议：基于特定领域知识自动生成建议，附上置信度评价及替代方案。
>
> （8）机器学习和用户配置持续改进：更好地支持特定个人及组织的过程和偏好。

"深绿"结合"阿尔法狗"的指挥及控制机理[55]

当然，并不是所有的军事家都对OODA环持肯定态度，DARPA就认为目前采用的OODA环不适合于在与中俄等大国对抗中频繁出现的"灰色地带"作战，因为这种环境中的信息通常不够丰富，无法得出结论，且对手经常故意植入某些信息来掩盖真实目的。2018年3月，DARPA启动"指南针"（compass）项目，旨在帮

---

55. 金欣：《"深绿"及AlphaGo对指挥与控制智能化的启示》，指挥与控制学报，2016（3）。

助作战人员通过衡量对手对各种刺激手段的反应来弄清对手的意图。

"指南针"项目试图从两个角度来解决问题：首先试图确定对手的行动和意图，然后确定对手如何执行这些计划，如地点、时机、具体执行人等。但在确定这些之前必须分析数据，了解数据的不同含义，为对手的行动路径建立模型，这就是博弈论的切入点。然后在重复的博弈论过程中使用人工智能技术在对手真实意图的基础上试图确定最有效的行动选项。

该项目包含三个技术领域，第一个技术领域侧重于对手长期的意图、策略；第二个技术领域为战术和动态作战环境的短期态势感知；第三个技术领域建立指挥官工具箱。通过利用现有的先进技术，如从非结构化信息源中提取事件的技术（例如主题建模和事件提取）等，"指

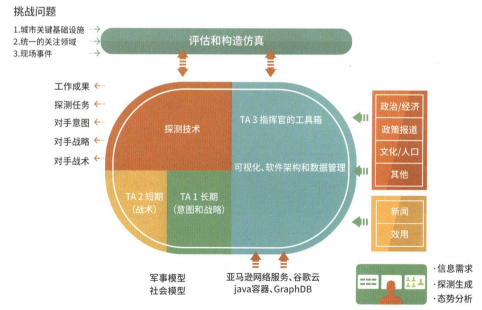

"指南针"项目架构

南针"项目能够应对不同类型的灰色地带情况,包括但不限于关键基础设施中断、信息作战、政治压力、经济勒索、安全部队援助、腐败、选举干预、社会不和谐以及概念不清等。项目的测试与评估团队在虚拟环境中对技术进行评估,并通过实时建模仿真推动技术评估。

从"深绿"到"指南针",美军实现智能化指挥和决策的决心可见一斑。当然这一努力注定是艰辛的,如在美军2016年发布《自主性》报告中,就明确指出当前人工智能仅可用于告警及行动建议,还远远没有达到能够代替人类制定决策的程度。

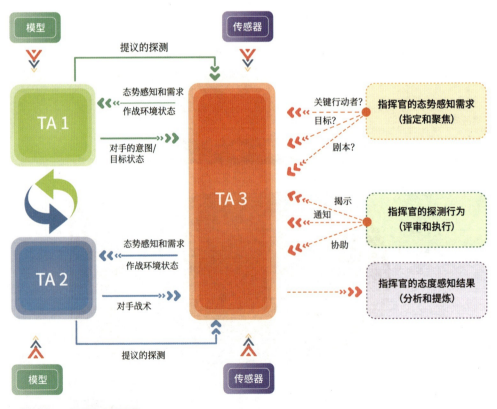

"指南针"项目系统功能视图

运筹不在帷幄

人工智能在决策领域的无力感,不是第三波人工智能热潮独有的,早在20世纪70年代,人们就提出决策支持系统(decision support system),希望借助计算机,基于模型库、数据库、知识库、方法库等,为决策人员提供帮助。基于该模式,美军研制了JOPES、CEM、CAMPS、JMPS、SPADS等一系列指挥控制决策支持系统。这些系统在实际军事行动中得到了应用,但这类系

> **知识链接:**
>
> **专家系统**
>
> 专家系统是人工智能第一次浪潮的主角,它是一种模拟人类专家解决领域问题的计算机程序。其内部含有大量的某个领域专家水平的知识与经验,它应用人工智能技术和计算机技术,根据某领域一个或多个专家提供的知识和经验,进行推理和判断,模拟人类专家的决策过程,以便解决那些需要人类专家处理的复杂问题,其与当前流行的深度学习等人工智能模型相比,最大的优势是不需要强大的计算力。
>
> 1965年,E.A.费根鲍姆等人在总结通用问题求解系统的成功与失败经验的基础上,结合化学领域的专门知识,研制了世界上第一个专家系统Dendral,可以推断化学分子结构。20多年来,知识工程、专家系统的理论和技术不断发展,其应用渗透到几乎各个领域,包括化学、数学、物理、生物、医学、农业、气象、地质勘探、军事、工程技术、法律、商业、空间技术、自动控制、计算机设计和制造等,人们开发了几千个专家系统,其中不少在功能上已达到甚至超过同领域中人类专家的水平,并在实际应用中产生了巨大的经济效益。

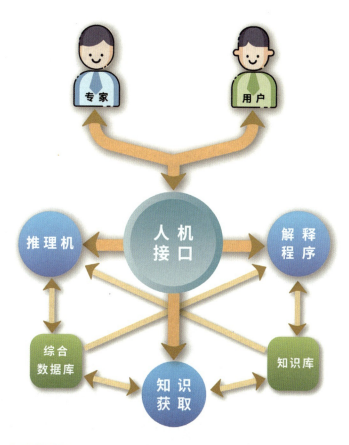

专家系统结构

第4章 智能指挥决策

知识链接：

知识工程和知识图谱

知识图谱的商业应用

在 20 世纪七八十年代，传统的知识工程的确解决了很多问题，但由于知识工程过度依赖专家去表达知识、获取知识和运用知识，就会存在很多问题。一方面是机器背后的知识库规模很有限；另外一方面是它的质量也会存在很多，因此它在 20 世纪末就基本销声匿迹了。2012 年，谷歌推出了"知识图谱"（Knowledge Graph），使用语义搜索的方法及其海量的互联网数据，成功解决了传统知识工程的困境，而其全新的名字也宣告着知识工程进入了一个新的时代，即大数据驱动的知识工程。

统大多采用人在回路的方式，指挥员仍是指挥决策的关键，目标分析、方案拟定等关键步骤主要由指挥员完成，机器只是提供计算层面的支持。

"夏虫不可以语冰"，没有参加过战斗的人是无法体会战场上的波诡云谲的，更不要说机器。战场上的指挥官，必须时刻把握敌情、随机应变、迅速决策，这种能力可能是指挥中最接近艺术的部分。

专家系统的举步维艰，就是因为人类在战争中决策的机制，涉及心理学、脑科学、管理学、军事学等方面，但时至今日仍没有一种很好的科学解释，更遑论用计算机再现之。以当前的人工智能技术发展而言，有望为解决这一难题做出贡献的，莫过于知识图谱和情感计算。

从理论上讲，知识图谱可以使得人类历史上浩如烟海的知识真正为机器所用。知识图谱本质上是语义网络，是一种基于图谱的、由节点（point）和边（edge）组成的数据结构，即知识图谱是以符号形式描述物理世界中的概念及其相互关系的结构化的语义知识库。

周丽娜和马志强围绕知识图谱的构建和知识的运用，以形成智能化的作战能力为目标，以"数据泛在、知识中心、内生智能"为特征，构建了军事网络信息体系的知识图谱，并给出了其数据结构。[56]

而在军事指挥的艺术中，除了需要足够的知识储备和信息资源，如果能知道友方甚至是敌方"心意"，必然会带来巨大的军事优势，至少在实现博伊德所言的"隐瞒自己的意图、欺骗对手"上占有绝对上风。

传统的人机交互，如键盘、鼠标、屏幕等方式，只追求便利和准确，无法理解和适应人的情绪或心境。而如果缺乏这种情感理解和表达能力，就很难指望计算机具有类似人一样的智能，也很难期望人机交互做到真正的和谐与自然。由于人类之间的沟通与交流是自然而富有感情的，因此，在人机交互的过程中，人们也很自然地期望计算机具有情感能力。"情感计算就是要赋予计算机类似于人一样的观察、理解和生成各种情感特征的能力，最终使计算机像人一样能进行自然、亲切和生动的交互。[57]"

> **知识链接：**
>
> **情感计算**
>
> 情感计算（affective computing）的概念是在1997年由麻省理工学院媒体实验室Picard教授提出的，她指出情感计算是与情感相关，来源于情感或能够对情感施加影响的计算。中国科学院自动化研究所的胡包刚认为："情感计算的目的是通过赋予计算机识别、理解、表达和适应人的情感的能力来建立和谐的人机环境，并使计算机具有更高的、全面的智能。"
>
> 情感计算研究的发展在很大程度上依赖于心理科学和认知科学对人的智能和情感研究取得的新进展。心理学研究表明，情感是人与环境之间某种关系的维持或改变，当客观事物或情境与人的需要和愿望符合时会引起人积极肯定的情感，而不符合时则会引起人消极否定的情感。
>
> 目前情感计算研究面临的挑战还很多，例如，情感信息的获取与建模问题，情感识别与理解问题，情感表达问题，以及自然和谐的人性化和智能化的人机交互的实现问题。

---

56. 周丽娜，马志强：《基于知识图谱的网络信息体系智能参考架构设计》，中国电子科学研究院学报，2018（4）。
57. 罗森林，潘丽敏：《情感计算理论与技术》，系统工程与电子技术，2003（7）。

情感计算则致力于解决一个更为"艺术"的问题，即如何刻画一个人的心理，从而体会他的"心意"，这对于军事决策和指挥具有重要意义。可以想见这必将是各军事强国竞相发展的一项人工智能技术，对此技术本书后续章节会有详细介绍。

未来技艺（A）

尽管我们一再强调指挥决策的艺术性，但不得不承认人工智能将使得决策越来越科学化。也许未来的决策将是一门关于艺术的技术，也是关于技术的艺术。让我们一起看看这项未来技艺的第一面：

决策过程数据驱动：信息化武器在实际应用中产生海量数据，为指挥决策提供了重要依据，但同时信息量的增加使数据分析变得耗时耗力；随着多维战场空间融为一体，时间敏感目标不断增多，战争进入发现即摧毁的"秒杀"时代，人工智能武器的出现使得交战各方的博弈更加复杂，单靠指挥人员根据各种数据作出决策、发布指令已经无法跟上战争的变化速度，指挥决策的时间成为了作战效率中关键点。智能决策可以通过数据挖掘、智能识别、辅助决策等手段，对海量数据进行去粗取精、去伪存真，减少主观误判干扰，确保指挥员客观判断形势，下定正确决心，通过提升指挥决策的正确性，大大提升作战效率和胜出概率。

作战行动目标导向：过去，高层指挥官拥有比低级指挥官和操作员更充分的信息，因此由高级指挥官做出决策的战略一般效果更好，但是随着美军全球信息栅格（GIG）和联合信息环境（JIE）的建立，许多基层指战员能够获得与指挥官一样的信息,那么拥有专业技能,能够最快地处理信息以建立最好的态势感知的人,就更有理由具有武器释放权。

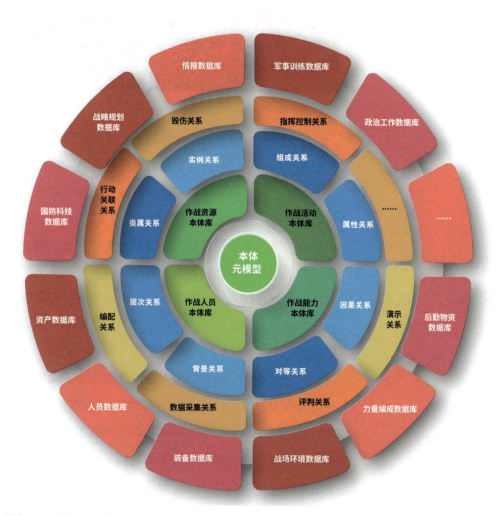

网络信息体系数据结构

美国信息化指挥中心

由于人工智能武器在处理信息和快速反应方面的优势,未来作战中,指挥官更多的是制订方案,确定作战任务目标,而具体实现路径甚至具体过程都可以由人工智能武器自己选择。如对于具备一定自主性的武器装备,可以通过调整某些决策模式,由智能武器自主判断,不但有利于缩短决策耗时,也有利于根据战场态势迅速变化策略。这显然已不再是简单的决策权下放,而是信息化、智能化的作战环境,在推动未来战争的决策模式持续优化。

关键节点人工干预:未来智能化战争中,人类的主要价值将主要体现在关键节点的决策上,但不会退出"观察—判断—决策—行动"循环,而是在战争巨系统中居于核心地位。人类拥有对人工智能技术的否决权,并拥有最终的军事决策权。因此,如何利用人工智能的高效率,又提高人在决策环中的价值是要深入研究的重大课题。

随着战场环境和对手的日益复杂多变,人工智能技术在指挥控制领域将发挥更加重要的作用,成为深入理解对手意图、增强战场态势理解、加快决策速度和正确性的重要因素。人工智能可以在很大程度上优化决策,通过数据挖掘、智能识别、辅助决策等手段,对海量信息进行去粗取精、去伪存真,保证作战体系中的各个作战单元始终得到最急需、最准确、最有用的信息,从而确保指挥员客观判断形势,定下正确决心。

4.3 技术的艺术

> 没有任何计划在同敌人交手之后能够保持不变。
>
> —— 蒙哥马利

军事指挥中,领导人的风格会使得指挥决策产生迥异的特征,如果出发点是人类组织的领导关系问题,那将进入政治学范畴或是社会学的领域,而如果要考虑人机混合组织的领导问题,将直接陷入当下最深刻的哲学迷思无法自拔。对此我们不妨先从机器与机器之间的领导权问题开始讨论,毕竟这是一个当下可以说清的技术问题。

多智能体协同

假设一群由 1000 架无人机组成的战斗单元远离后方基地遂行任务,在只有战术通信、无法与后方进行联络的情况下,这些无人机由谁领导?如何协调、控制?在需要有单元做出牺牲以掩护同伴时该如何取舍?这就构成了一个典型的多智能体协同问题。

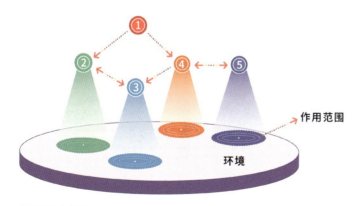

多智能体与环境

多智能体协同是无人系统集群作战的关键问题，无论是地面的无人坦克，还是空中的无人机，要想实现大规模集群作战，就绕不过这道坎。与此同时，它在交通领域也是热门的研究对象，是无人车大规模上路行驶的基本技术问题。

虽然时至今日仍未发生一场真正的智能集群对战，但透过世界机器人足球世界杯（Robocup）却可以一窥多智能体协同的发展水平：1997年8月，4个国家的

机器人足球比赛

> 知识链接：

智能体与多智能体系统

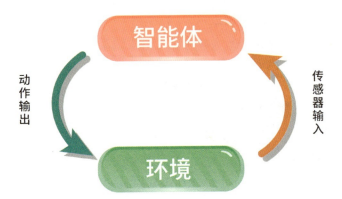

智能体与环境

智能体（agent）是明斯基于 1986 年提出的一个人工智能术语，指的是某种能够自主活动的软件或者硬件实体。明斯基引入智能体的初衷是，传统的计算系统是封闭的，要满足一致性的要求，然而现实社会是开放的，不能满足一致性条件，这种机制下的部分个体在矛盾的情况下，需要通过某种协商机制达成一个可接受的解。于是他将这种个体称为智能体，而由若干个智能体组成的多智能体系统（MAS）则被称为"计算社会"。

从智能体的特性就可以看出，智能体与对象既有相同之处，又有很大的不同。①智能体具有智能，通常拥有自己的知识库和推理机，而对象一般不具有智能性；②智能体能够自主地决定是否对来自其他智能体的信息作出响应，而对象必须按照外界的要求去行动。也就是说智能体系统能封装行为，而对象只能封装状态，不能封装行为，对象的行为取决于外部方法的调用；③智能体之间的通信通常采用支持知识传递的通信语言。

智能体本身具有的特性，使其成为继"对象技术"后计算机领域的又一次飞跃。目前全球范围内的智能体研究浪潮正在兴起，包括计算机、人工智能以及其他行业的研究人员正在对该技术进行更深入的研究，并将其引入到各自的研究领域，为更加有效地解决生产实际问题提供了新的工具。[58]

西蒙的有限性理论是多智能体系统形成的另一个重要的理论基础。西蒙认为一个大的结构把许多个体组织起来可以弥补个体工作能力的有限；每个个体负责一项专门的任务可以弥补个体学习新任务的能力的有限；社会机构间有组织的信息流动可以弥补个体知识的有限；精确的社会机构和明确的个体任务可以弥补个体处理信息和应用信息的能力有限。[59]

---

40 多支参赛队参加了在日本名古屋举办的首届机器人世界杯足球赛。后面几年参赛队伍迅速增加，到 2019 年 7 月的第 23 届 Robocup 时，已经发展到 40 多个国家地区、170 多所科研机构和高校超过 3500 名的机器人科学家和研发人员参加。

据连续三年获得 Robocup 冠军的浙江大学代表队介绍，目前在场上的机器人仍然只是感知和执行机构，决

58. M. P. Singh: *Multi-Agent System: A Theoretical Framework for Intentions, Know-how, and Communications*, Berlin, Springer-Verlag KG, 1994.
59. Michael Wooldridge:《多 Agent 系统引论》，电子工业出版社，2003。

策和控制仍然由场外的计算机完成,也就是一种"集中式"协同控制的多智能体系统。[60]

多智能体系统(MAS)常见的指挥控制结构有三种:集中式、分布式和混合式。集中式正如浙江大学的机器人足球队,多智能体中存在一个控制单元,其他智能体都依据控制单元的指令行动,它的优势是技术相对简单、容易实现。问题是一旦控制单元受损,整个体系就崩溃了,这样的作战体系显然过于脆弱。分布式控制则没有中心控制单元,每个智能体可以充分显示自己的灵活性、自治性和社会性,各个智能体之间通过协商解决问题,这种结构从整体上看好像鲁棒性更好,但从任务的角度看,显然缺乏足够的稳定性和可控性。混合式是一种基于任务目标的控制方式,也被称为"问题求解式结构",是一种介于前两者之间的控制结构。

多智能体的控制在实践中逐步成熟。2017年初,美国海军的3架F/A-18F"超级大黄蜂"战斗机在空中散

群体智能

60. 中国机器人足球队三夺"世界杯"比真人传球更准,http://it.people.com.cn/n1/2018/0627/c1009-30089499.html。

布了 104 架无人机。这些蜂群是名为"山鹑"（Perdix）的微型无人机，由 3D 打印，其长度不足 0.3 米、质量还不到 0.5 千克，成本非常低廉。2017 年 6 月，中国电科成功完成了 119 架固定翼无人机集群飞行试验，并于同年 12 月成功完成了 200 架固定翼无人机集群飞行。2019 年 9 月，美国研发机构 OpenAI 公布了一项研究：没有规则预设、没有先验数据的四个虚拟"智能体"，在简单的红蓝阵营划分后开始自主游戏，经过 2500 万次游戏之后，蓝方自主学会了利用道具跟红方捉迷藏；7500 万次之后红方学会了破障抓捕；5 亿次之后蓝方不但学会了团队作战，甚至学会了构筑防御体系……

如前所述，决定多智能体之间协同的是数理逻辑、博弈论和概率分析。人类社会赖以维系的血缘、道德、契约、经济利益等要素，在由智能体构成的"计算社会"中完全没有效力，也就是说不但军事指挥中的所有"人性"将不复存在，连最基本的战争伦理都无从谈起。所以很多人强烈反对将多智能体运用于军事行动，也许他们始终不能明白，为什么要把这么多智能体组织成社会呢？

就让机器人们"单着"不好吗？

乌合之众

群体智能在人类社会一直是个争论不休的话题，既有人认为"三个臭皮匠顶一个诸葛亮"，也有人认为群体智慧远不及个人智慧，心理学巨匠古斯塔夫·勒庞认为：当个人是孤立个体时，他有着自己鲜明的个性化特征，而当这个人融入了群体后，他的所有个性都会被这个群体所淹没，他的思想立刻就会被群体的思想所取代。

具备情绪化、无异议、低智商等特征。[61]

勒庞所称的"乌合之众"或群体无意识的形成，一是个性的消失，二是感情的强化，再者便是"无意识品质占上风"。但对于机器人而言，这些问题都不存在。也就是说，从智慧发展的水平上看，多智能体组成的社会似乎不会削弱其智力水平。假设社会化后的智能体们将能产生一种远超个体能力的集群智能，也就是说单个智能体看起来很弱，但集群却无比强大。这个假设听起来是不是似曾相识？是的，这就是生物界很多低等群居生物的生存之道：集群智能（swarm intelligence，SI）。

如果按照勒庞的观点，对于群体智商逼近于零的人类而言，集群智能显然是并不存在的，但对于机器人而言，这将是它们统治世界的关键一步，如果再加上多智能体系统的自治协调，那么人类不但在指挥决策领域将毫无优势而言，可能在真实世界的所有场景中都会让位于人工智能。

对此有学者评述[62]："深度学习和集群智能技术的配合，化解了科幻电影中担忧的由于人工智能掌握过多信息而实现自我觉醒的潜在危机，使人工智能专注于对集群作战模式下单体装备智能行为的学习和领悟。必须指出，美国正在开发研究的基于集群智能的武器装备体系，将把军事战争能力推到一个前所未有的高度。这些人工智能武器装备，果敢、高效、敏锐、无畏，无论是战术执行还是火力配置都远超过最勇敢、最训练有素的人类战士，而且所有战术选择完全从集群需求出发。一旦战斗发起，它们会根据战场形势的瞬息变化，根据集群需求，调整自己的战术应对，不达目标，至死不休。

> **知识链接：**
>
> **蚁群算法和粒子群算法**
>
> 20世纪90年代，意大利科学家马可·多里戈等人在研究蚂蚁觅食的过程中，发现单个蚂蚁的行为比较简单，但是蚁群整体却可以体现一些智能的行为。例如蚁群可以在不同的环境下，寻找最短到达食物源的路径。这是因为蚁群内的蚂蚁可以通过某种信息机制实现信息的传递。利用蚁群的这种特性，科学家们开发出了"蚁群优化算法"（ant colony optimization），即一种用来寻找优化路径的概率型算法。这种算法具有分布计算、信息正反馈和启发式搜索的特征，本质上是进化算法中的一种启发式全局优化算法。
>
> 粒子群优化算法(particle swarm optimization, PSO) 由Eberhart博士和Kennedy博士提出，是通过模拟鸟群觅食行为而发展起来的一种基于群体协作的随机搜索算法。PSO模拟鸟群的捕食行为。一群鸟在随机搜索食物，在这个区域里只有一块食物。所有的鸟都不知道食物在哪里，但是知道当前的位置离食物还有多远。那么找到食物的最优策略是什么呢。最简单有效的就是搜寻离食物最近的鸟的周围区域。
>
> 与深度学习等机器学习方法不同的是，蚁群算法和粒子群算法不需要大量的数据，也回避了"人的智能究竟是怎么形成的？"这类问题，就让智能体们自由发挥，看看它们能造出个什么世界。

---

61. 古斯塔夫·勒庞：《乌合之众：大众心理研究》，中央编译出版社，2011。
62. 佟京昊：《未来集群智能战争对我国武器装备体系建设的要求和挑战》，国防科技工业，2019（6）。

在这一体系里,人类将逐步退出战术层面的行动决策,由人工智能取而代之,因为人工智能的判断必然更准确,反应更迅速。人类在战术层面将只是观摩和最终控制(比如中止行动),并为智能装备行动提供相应的保障。这种集群智能带来的智能装备自主行动的复杂战法以人类的智力和战斗力极难应对,由于集群智能本身就是一种去中心技术,任意一台机器的损毁都无关大局,所以所谓的'攻脑'方式根本无从谈起,能对智能装备集群起作用的控制者可能在数千里之外。"

与此相反的是,对于那些坚信人类也存在集群智能的人而言,世界完全是另外一副模样,亚当·斯密在《国富论》中曾利用"看不见的手"来形容人类的集群智能:"每个人都在力图应用他的资本,来使其生产的产品能得到最大的价值。一般来说,他并不企图增进社会的公共福利,也不知道他所增进的公共福利是多少。他所追求的仅仅是他个人的安乐,仅仅是他个人的利益。在这样做时,有一只'看不见的手'在引导他去促进一种目标,而这种目标绝不是他所追求的东西。由于追逐他自己的利益,他经常促进了社会利益,其效果要比他真正想促进社会利益时所得到的效果为大。"

进而有学者提出,人类社会是一个由所有人类共同组成的集群型社会生物。对于人类社会这个"超级生物"所展现的智能,人类能切身感知到的是科技知识的不断提升,但是我们对"她(他)"的"意识目的"仍旧是不清楚的。这就好比,人体内的神经细胞并不清楚人脑想做什么,但是它们却仍旧在不断地活动和自我复制。

很显然,多智能体的指挥决策与人类的指挥决策存在的差异如此明显,是两类完全不同的系统。个中缘由,也许正如伟大的冯·诺伊曼在其遗著中所写的：

"看来神经系统所运用的记数系统，和我们熟知的一般的算术和数学系统根本不同。它不是一种准确的符号系统……它是另外一种记数系统，消息的意义由消息的统计性质传递，这种方法带来了较低的算术准确度，却得到了较高的逻辑准确度。也就是说，算术上的恶化，换来了逻辑上的改进。"

未来技艺（B）

关于战争的艺术变成了技术，而关于智能的技术正在变成艺术，甚至是近乎天马行空、随性而发的科学幻想。颠覆性技术发展之路的终极状态，是不是一定会走向不可理喻的境地呢？

答案显然是否定的。

军事技术的发展不是漫无边际的，它有两个关键的约束条件，就是技术体系和军事体系。军事技术既不可能脱离技术体系发展的科学规律，也不会脱离军事体系的政治规制。其中军事体系的限制性显然更为直接和强烈，从这个角度看，前文罗列的一些作战场景，已经脱离了战争发展规律，在实际中出现的可能性微乎其微，对此后文我们还会有进一步的探讨，这里仅针对智能化指挥控制的技术发展路径略做探讨。

从军事体系的约束来看，战场指挥决策的目的是取得作战任务的胜利，而不是去赢得一场技术竞赛。乔治·巴顿说："要成为一名成功的士兵，你一定要读懂历史。武器改变了，但是使用武器的人却一点也没有变。要赢得战争，你不是要战胜武器，而是要战胜人。"战争中的指挥决策从来都是扬长避短的技艺，没有坚城固地可守的成吉思汗，绝不会停下来去建造城池、训练步兵，而是充分发扬自身的骑兵优势攻城略地。假如明天智能化战争来临，一方看到自己的智能化水平弱于对手，就自认投降，这是智能化技术的胜利，还是战斗意志和战略外交的失败呢？或是心理战术的结果呢？

而从技术体系的科学规律看，军事技术必然要遵从对抗式发展的路径选择，具体到智能化指挥决策，美军的目的一是要让自己的OODA环更快，二是要借此切入对手的OODA环，其要对抗的目标不是机器的技术能力，而是对手的作战能力，这与前文阐述过军事智能技术的自我加速特质似乎自相矛盾，但军事智能技术的自我加速的取向不是要从技术水平上超越对手，而是在技术对抗中战胜对手，因此其发展目标始终是具有明确针对性的，这与一般意义上的科学发明更多地基于科学家自身的"好奇心"有着本质的不同。也就是说，即便是未来走到了人类与机器人全面战争的极端场景中，从技术的角度看也是可以预见和准备的，出现所谓"技术失控"可能性实在不大。

前文探讨了"未来技艺"的第一面，也即战争作为艺术逐渐科学化、技术化的一面；这里我们探讨的实际上是"未来技艺"的另一面，也即军事技术的演进之路中人性化、艺术化的一面，特别是在人工智能技术作用下的指挥决策，其技术进步过程中将日益增加人性化因素，这固然是因为战争的艺术化特质，也是因为人工智能技术本身就带有浓厚的人性化色彩，它的初衷就是要模拟人类的思维、行动甚至是情感，由此可知人性化因素必然成为萦绕人工智能技术发展始终的重要因素。

4.4 小结

> 理解科学需要艺术,而理解艺术也需要科学。
>
> ——乔治·萨顿

指挥决策既是一种艺术,也是一门科学;正如人工智能既是一项技术,也带有不可磨灭的人性印迹。由此观之,智能化指挥控制的复杂性绝不是一段代码能够演算清楚的,也不是一段历史可以解释明白的。

当代军事技术特别是军事指挥决策技术的发展,犹如一杯风格明显的美式咖啡,简单浓烈的技术驱动论、清晰明了的OODA环,虽然形式上引入了更多的信息化元素,其本质还是工业化战争的机械化流水线思维,难怪有专家认为,美军到现在仍然沿用的是二战时德军的闪击战思路,更快的机动速度、更猛的打击火力、更远的杀伤距离。就像成吉思汗和拿破仑无法突破人类指挥官的能力极限,自美国南北战争以来由信息系统带来的指挥决策模式变革,至今仍然对军事指挥决策起着规制甚至是塑造作用。

信息化工具运用于军事指挥之前的时代,可以称作"人工指挥"时代;而人工智能时代的指挥决策,则很大程度上可看作"智能指挥",前者更富有艺术性,后者更具有技术性,而从"人工指挥"到"智能指挥"之路必是一条艺术性与技术性交织的复杂之路,不但要解决如何用技术模拟指挥艺术的问题,还要确保技术更富有人性化特质。

对于那些试图以科学技术驾驭一切的"技术决定论者",以及那些坚持人性高于一切的"人本主义者"而言,战争的指挥决策实在太过复杂了,如果不能回归到战争指挥的本质,即实践性上来,那么一切就正如基辛格在2018年撰文指出的:以目前的情况看,如果人类一定要让人工智能解释清楚算法是如何优于人类的,它们经过计算后给出的结论极有可能是,"我能给出解释,但你们人类听不懂"。

何止于此呢?

第 5 章
智能行动

战争只有一个法则,那就是在敌人不留意的时候用你最快的速度和最猛烈的力量,在敌人最容易受伤的地点猛烈打击他。

——菲尔德·玛莎·威廉姆斯·利姆

5.1 战争在进化

君子性非异也，善假于物也。

—— 荀子

作战行动是战争中的一个核心环节，也是覆盖最广、牵扯因素最复杂的环节。战斗一旦开始，就无法重复，要对人工智能如何影响作战行动有一个全面而客观的认识，就必须从人与装备的关系入手，考察不同作战域中的行动特点和历史发展脉络。本章将从地面开始，针对各个不同作战域的行动特点，从人机关系的变化历程中梳理其对作战行动的影响，以期描画出人工智能对作战行动的可能影响。

从万乘之国到机器人军团

陆地，是人类战争史上最悠久也是长期居于主导地位的作战空间，战争史早期大多数战法战术皆是在地面上发展出来的。而装备与人的结合方面，早在公元前10世纪，神州大地上就已经出现了大型机械装备与人类战士混合编组的作战形式。这种盛极一时的"车战"形式，

可以视作是 20 世纪"步坦协同战术"的雏形。

战车又称兵车,是用于作战的车辆。战车自夏商时期就已出现,春秋战国时期最为盛行,《管子·山国轨》:"国为师旅,战车驱就。"《战国策·秦策一》:"战车万乘,奋击百万,沃野千里,蓄积饶多。"当时衡量诸侯国军事实力的一个重要标准,就是看战车的数量,按周制,天子地方千里,出兵车万乘;诸侯地方百里,出兵车千乘。千乘之国即诸侯国。

车战图

战车可以看作是一种生物能驱动的机械装置,因为其要借助马匹才能展现其机动性,但战车之所以能一度称霸冷兵器时代,就源于它释放了人类士兵的体能和增强了作战的机动性,并能提供一定的运载能力和防护能力。而随着马镫、马鞍的广泛使用,骑兵也具备了战车同样的能力,且比战车更加灵活,成本也更低,于是战车的进攻效用被大大弱化,但仍然扮演着防御壁垒的作用,汉朝卫青曾远征千里攻打匈奴单于,被以逸待劳的匈奴骑兵团团围困,卫青遂"令武刚车自环为营",凭借车阵强大的防御力抵御住了匈奴骑兵的冲击,并最终一举击溃匈奴;明朝时还特别组建了"火器车营",凭借火枪、火炮与车辆的结合,在与骑兵的对抗中毫不逊色。

直到坦克的出现，机械化的"车"才再一次成为陆战之王。时至今日，坦克仍然可以被称为战场上的霸主。从战车的角度看，坦克除了具有战车增强人类体力（机动力和防护力）的优点，更是在拓展人类的火力或者说杀伤能力方面实现了飞跃，以至于只具有体力增强功效的骑兵，被坦克和机关枪直接淘汰出局了。

从战车到骑兵再到坦克的演进轨迹，很好地注释了"能量－机动理论"。尽管这不是空战，但无论是沿袭自冷兵器时代的"主力决战"，还是机械化作战时代的"闪击战""大纵深作战"，乃至信息化作战时代的"空地一体战"，推动陆上行动不断发展的关键要素是机动性和火力，也就是如何最大限度地增强人类的外在能力。直到美军在二战后期将战术核武器融入陆战理论，人类才意识到"能量－机动"这条路可能已经走到极限了。

而人工智能特别是机器人士兵的出现，为未来的陆战场描绘了另外两种场景，一种是通过机器增强人的内在能力——智力，我们不妨称其为"人机混合增强模式"；另一种则是直接把人从战场上解放出来，让机器人军团成为陆战场的主人的"无人模式"。对于第二种情形，现在铺天盖地的"无人战争"理论已不可胜计，在此不再赘述，前文我们已经从"何为人"和"为何而战"的角度进行了讨论，这里从作战行动的角度提出一个问题：在地面战场（仅限在地面战场），假设交战双方都有足够多的机器人士兵，那么该如何制定作战目标并配置兵力？

这个问题我们不妨称为"目标困境推论"，下面试做初步回答：

1. 如果选择优先消灭敌有生力量，即对方的机器人

> **知识链接：**
>
> ### 车战与战车
>
> 中国古代战争中何时开始用驾马的车辆参战，至今还不十分清楚，有人从夏启伐有扈氏的甘之战前所作《甘誓》说，军中有"左、右、御"之名，认为是指车上位于左侧（车左）、右侧（车右）和居中驾车（车御）的武士，推测当时已使用战车。
>
> 战国末年的《吕氏春秋》记载，商汤灭夏，战于鸣条时，军中有七十辆战车，到了周代，车战日趋兴盛，周武王伐纣时，军队主力是"戎车三百乘，虎贲三千人，甲士四万五千人"。而诸侯兵会于牧野时，有战车四千乘之多。
>
> "乘"是当时军队的基本编制；以战车为中心配以一定数量的甲士和步卒（徒兵）。在车战鼎盛的春秋时期，每乘的兵力配置是：4匹马拉的兵车一辆，车上甲士3人，车下步卒72人，后勤人员25人，共计100人。
>
> 由于战车速度快，冲击力强，特别是在开阔地带作战，具有步兵无法比拟的优势。因而自商、西周以迄春秋，战车一直是军队主要作战装备。以马拉木质战车交战的作战方式叫"车战"，战车成为战争主力和衡量"国家"实力的标准。
>
> 但战车的使用限制性比较大，只有在平原战场才能发挥出它的优势，而且车上的甲士都是贵族专属，车下的步卒都是奴隶，这种兵力配置方式极大地限制了战车的发展。随着绊马索等一些专门对付战车的武器出现，特别是骑兵的出现，战车的机动性优势被大大抵消，战车逐渐失去了其冲锋利器的功效。但由于其强大的防御力，始终是冷兵器时代的防守重器，直到明朝还将火枪火炮与战车结合组建"火器营车"。这种组合方式在土木堡之变后，为明军挽回颓势发挥了重要作用。

士兵，那么战争将陷入一场钢铁消耗战，胜负的关键取决于谁的机器人制造能力更强。这种情况与第一次世界大战初期"战争绞肉机"的情况非常类似，只不过消耗的不是人的生命，而是经济实力，但最终的结果一样是两败皆输，唯一可能的赢家将是那个置身事外的机器人生产者，一如曾经的美国。

2. 如果双方不想陷入无聊的钢铁消耗战，进而选择优先消灭敌高价值目标，也就是说尽可能不与敌方的机器人士兵纠缠，而是直捣黄龙，那么主动进攻、全力进攻的获胜可能性显然远大于所谓的"积极防御"，于是双方极有可能同时选择以最快的速度、最大的兵力直接攻击对方价值最高的目标——人，于是战争的结局就是双方的人类士兵都被绞杀，机器人成为幸存者。

3. 如果双方都预见到了情况2的荒谬之处，进而选取更为均衡的策略，即部分机器人作为防守兵力用以保护高价值目标（必要时可以做出牺牲换取人类安全），部分机器人兵力投入进攻作战。那么情况将会出现很多种分支，但很快地，这些分支最终都将指向情况1——钢铁消耗战。

（推论9：目标困境）

以上的分析当然是非常简化的，战争中的实际情况远比上述情况复杂。笔者只是想借此引出一个问题：机器人出现在战场上是令人类更安全，还是更不安全？

那些持有"机器人上战场就是为了人类更安全"这一观点的人认为，上述推论中的基本前提是不可能存在的，即在实际中敌对双方的机器人军团不可能是等量的，或是足够多的，所以只要一方拥有数量更多，或是智能化程度更高的机器人，就一定能取得胜利；而即便是其基本假设成立，最终的选择也会走向核战略中的"相互确保摧毁"，也就是说机器人军团将成为制止战争的威慑性力量，所以"推论9"恰恰说明了人类会因机器人军团而更安全。

而反对者则会说，机器人终将成为毁灭人类的罪魁祸首，这是因为战车只是部分增强了人的体力，战争还需要人的火力和脑力；坦克进一步增强了人类的体力和火力，但仍然离不开人的脑力；而机器人则在体力、火力、脑力三个方面碾压人类，人类在战争中已经没有存在的必要，当人类成为战场上的多余物甚至负担，机器人战士将成为唯一选择。

"推论9"涉及的问题在地面尤为突出，相较于海上行动中夺取"制海权"主要通过阻止敌方的海上活动，夺取"制空权"主要通过阻止敌方的空中活动，陆战场上最核心的制胜之道，始终都是消灭敌有生力量。也就是说人作为地面行动的核心地位具有不可动摇性，因此智能化陆战中机器与人的关系是非常棘手的。

不妨让我们进入到真实的陆战场，看一看机器人到底会带给我们什么吧。

牛刀小试阿勒颇

2016年1月，媒体开始披露俄罗斯在叙利亚阿勒颇战役中动用机器人部队，一些媒体称这是史上首次机器人部队成建制投入实战，有很多人由此惊呼"终极军团进入陆战场"；也有很多专家则持另一种观点，他们认为俄军使用的不过是遥控装置，根本称不上机器人，只是1944年"爱神行动"的翻版罢了。

> **知识链接：**
>
> **早期的遥控武器**[63]
>
> 第一次世界大战中，战场上曾出现过一种名为"电子狗"的后勤机器人，它是一种三个轮子的推车（就是一种改装了的三轮车），用来将供给品运送到战壕。它会追随一盏提灯的光而前进，可以说是激光控制的前身。后来出现更致命的武器——"陆上鱼雷"，它是一种远程控制的武装拖拉机，装载了100磅的爆炸物，可开进敌人的战壕并引爆。它在1917年获得了专利，并出现在《大众科学》杂志上。
>
> 1944年，美军在第二次世界大战中启动"爱神行动"（Operation Aphrodite）。该行动的计划是将轰炸机进行改装，在里面装上22000磅的铝末混合炸药，机组人员在半空中装填好爆炸物后跳伞。一艘在附近航行的航母将会通过装载在无人机驾驶员座舱的两架电视摄像机来远程接管这架轰炸机，它把飞机引向纳粹目标。
>
> 1944年8月12日，一架爱神行动任务飞机上的混合炸药在机组人员跳伞前发生爆炸，机组人员全部阵亡，其中包括小约瑟夫·帕特里克·肯尼迪，也就是美国第三十五任总统肯尼迪的哥哥，美国军方碍于肯尼迪家族的巨大影响力，遂宣布终止"爱神行动"。

那么事情究竟是怎样的呢？

2015年12月，叙利亚政府军与"伊斯兰国"武装在拉塔基亚754.5高地展开争夺战。该高地地形复杂，坡度大，坦克装甲车辆运用不方便，而且也容易遭到单兵反坦克武器的近距离射击，使用机枪扫射根本毫无用处。在"伊斯兰国"各种互相掩护的地堡和暗火力点组成的交叉火力网下，叙政府军久攻不克，伤亡惨重。于是俄军决定使用战斗机器人进行攻坚。

战斗中，俄军投入了一个机器人作战连，包括6部"平台-M"型履带式战斗机器人、4部"暗语"型轮式战斗机器人、1个"洋槐"自行火炮群、数架无人机和一套"仙女座-D"指控系统。这些机器人均与前线指控中心——"仙女座-D"指控系统连接，并通过该系统直接接受俄罗斯国家防务指挥中心的指控。在俄罗斯国家防务指挥中心，指控系统自动汇聚无人机群和战斗机器人集群不间断回传的战场态势信息，将每部机器负责的作战扇区合成一幅整体战场态势图，实时反映战场变化。据此，俄指挥官即可在指挥中心统观整体战局，实时指挥战斗。

在行动中，作战机器人、无人机和自动化指挥系统联为一体，联合对高地发起攻击。无人机对敌人的所有活动情况进行监视，发现目标后，先呼唤炮火袭击，随后机器人在人类操控者的远程遥控下，抵近敌人阵地100~120米处，对可疑目标发起攻击。而远在后方的指挥中心，则在实时汇集了战斗机器人和无人机的战场信息后，对所有暴露了的敌方火力点进行位置标注，并发送至火力打击单元——"洋槐"自行火炮群，再由火炮群将敌方火力点一一摧毁。此前一直无法攻克的高地，

---

[63] P. W. 辛格 (P. W. Singer)：《机器人战争：21世纪机器人技术革命与反思》，华中科技大学出版社，2016。

20 分钟即被机器人部队攻陷。是役 70 多名武装分子被打死，而叙政府军只有 4 人受伤。战斗全程，叙利亚政府军始终位于作战机器人后 150 至 200 米处，跟随机器人发动攻击。

从以上战事描述，不难得出以下结论：

1. 此次作战的基本样式，是机器人冲锋在前，叙利亚政府军跟随在后，也可称为"步－机协同"。

2. 机器人是由人操控的，人类操作员负责决策和指控，机器人负责感知和行动，也就是说机器人的行动，是半自主的。

3. 在前线的不同种类机器人，遂行了多样化的使命，并成功地实现了协同行动。

4. 机器人的协同行动，是在后方指控中心的人类基于综合态势研判做出决策和指控的结果。

"平台-M"机器人

这样看起来，其实阿勒颇作战更像是信息时代的"新步坦协同"，换句话说还是在继续使用人+机器的基本陆战组合。只不过此时的机器已经远非传统意义上的步坦协同可比。因此世界各国都热衷于在地面战场使用无人系统。美国陆军先后出台了一系列地面无人系统技术发展规划，包括《无人系统自主路线图》《美国地面无人系统路线图》《美国机器人路线图》等。路线图中详细规划了美军地面无人自主系统发展的近中远期目标。美陆军预计到2030年，可实现有人-无人系统的智能编队和协同行动；到2040年，能够实现合成兵力机动。

2014年，韩国三星集团下属特克温公司(Samsung Techwin)公布了一款名为SGR-1的机器人，配有5.5毫米机关枪和40毫米榴弹发射器，它可以通过热传感器和运动传感器识别3千米之外的潜在目标，该机器人据称已被部署在朝韩非军事区，用于监视韩朝边境。以色列早在2008年就在加沙地区的边界首次实战部署了准自动军车。在2016年时对外宣称，已经开始实战部署全自动无人驾驶军车，并自称是世界上第一个正式部署人工智能自动驾驶军车的国家。

为什么各国热衷于机器人？为什么阿勒颇战役中的机器人能如此引人注目？阿勒颇战役后被广为传播的俄军事专家的评论或许能给出答案："在城市动用作战机器人是最有效的作战方式，它可以在进攻时充分保护士兵的生命。"也就是说，是役投入机器人连队的关键原因是坦克在阿勒颇这样的作战环境显得过于笨重了，特殊作战环境大大限制了坦克的发挥，导致指挥官必须引入更灵活、更智能的主战兵器，来赢得一场特殊的地面军事行动。

魔爪机器人

当然,如果这种特殊作战环境不仅仅是一种特例,而是成为未来地面军事行动的主环境,那么毫无疑问,为原野机动作战而生的陆战之王坦克必将"退居二线"。如果真的是这样,是不是意味着未来地面军事行动环境的演变是机器人军团大行其道的关键因素呢?

以地狱之名

人类战争史上,从来都是将野战作为地面军事行动的主要场景,城市作战始终是双方竭力避免的作战样式。随着工业化时代的来临,特别是在第二次世界大战之后长达 70 年的相对和平环境下,经济全球化迅猛发展，全球城市化趋势一日千里。联合国《2018年世界城市化趋势》报告显示，全球城市化率已达55%，并预计到2050年将增加至68%。而日本在2017年就已经超过93%，美国为85%，巴西为85%，中国为58%。对于未来战争而言，地球表面除了城市似乎没有多余的地方供人类战斗了，也就是说城市作战已经从地面军事行动的难题变成了主题。

在战争史上最经典的城市作战——斯大林格勒战役中，纳粹德军采取的主要战术是多兵种联合作战，步兵、工程部队、炮兵和空军相互协调、联合行动。苏联红军为了对抗这种战术，采取了贴身紧逼的策略，尽量将己方的前线与德军贴近，迫使德军的炮兵部队无法发挥远程攻击的优点。而城市钢筋水泥的丛林结构令现代陆军的直瞄火力备受制约，装甲部队的机动性亦无法施展，城市作战的艰苦程度，仿佛一夜回到了冷兵器时代。即便是当今最强的美军，在城市作战中也是备受煎熬，第

知识链接：

斯大林格勒保卫战

斯大林格勒保卫战（1942年6月28日至1943年2月2日）是第二次世界大战中纳粹德国为争夺苏联南部城市斯大林格勒而进行的战役。斯大林格勒战役是第二次世界大战东部战线的转折点。

斯大林格勒是苏联中央地区通往南方重要经济区域的交通咽喉，战略位置极为重要。若德军攻占斯大林格勒和高加索，向北可攻莫斯科，向南可出波斯湾。斯大林格勒以西、以南地区是苏联粮食、煤炭以及石油的主产区。如果德军占领这一地区，苏联就会失去战争所需要的重要资源。

1942年9月14日，德军在外围取得连番胜利后，开始从城北突入斯大林格勒市区，与苏军展开了激烈的巷战，双方逐街逐楼逐屋反复争夺。斯大林格勒变成了一片瓦砾场，城中80%的居住区被摧毁。

在9月底和10月初，苏联红军向斯大林格勒城区调去了6个步兵师和1个坦克旅；德军则调去了20万补充部队，包括90个炮兵营和40个受过攻城训练的工兵营。至11月初，德军终于缓慢地推进到了伏尔加河岸，并且占领了整座城市的80%地区，将留守的苏联军队分割在两个狭长的口袋状区域，但德军始终未能完全占领斯大林格勒。1942年11月19日，苏联红军开始实施名为天王星的全面反攻行动，次年3月战役结束。

斯大林格勒保卫战堪称近代历史上最为血腥的战役，伤亡人数超过100万。德第6集团军的汉斯·德尔在《进军斯大林格勒》一书中写道："敌我双方为争夺每一座房屋、车间、水塔、铁路路基，甚至为争夺一堵墙、一个地下室和每一堆瓦砾都展开了激烈的战斗。其激烈程度是前所未有的。"还有德军回忆说："斯大林格勒不再是一座城市，而是一个杀人炉灶……这里的街道不再是用米来计算，而是用尸体来计算。"

二次世界大战中的亚琛之战，美军伤亡超过5000人；1968年的顺化之战，美军以超过4000人的伤亡被冠以"巷战弱者"的耻辱称号；2004年，美军以3倍于敌的兵力、压倒性的装备和情报优势，在费卢杰之战中铩羽而归。

第二次费卢杰战役，美军调整了战术，一是大幅提高对敌兵力，达到了压倒性的6∶1；二是使用了专门为城市作战改装的坦克，在对方严重缺乏反坦克武器的费卢杰横行无忌；三是采取了"非接触战法"，将人机配合、步坦协同的战法发挥得淋漓尽致。是役美军虽然付出了惨重代价，但最终获得了胜利，一举摘掉了"巷战弱旅"的帽子。两年后，美军发布了编号FM3-06的城市作战手册，明确了有关城市作战的相关概念与技术，向指挥官和相关人员阐明策划、执行城市作战时所需的具体信息，指导未来城市作战。

2017年，美陆军参谋长马克·米利表示："未来的冲突大多集中在人口密集的城市地区。"同年DARPA启动"远征城市环境适应性作战测试平台原型"项目，重点探索未来最有可能发生战争的沿海城市作战概念。项目综合运用各种人工智能技术，探索并检验各种新型作战装备和概念，帮助美军在复杂城市环境中重建技术优势。其开发的"作战管理/指挥控制"软件将加强多域协同作战能力，配备给美海军陆战队步兵排和班组一级单位，使这些一线作战力量能在战斗中即时调配陆、海、空、电磁频谱等多个作战域的各种力量，在最短时间内获得精确的火力、情报、医疗后送等各类支援。此外，项目还在开发互动式虚拟现实测试平台，可用于模拟作战环境，探索并评估用于复杂城市环境的战术。

知识链接：

鏖战费卢杰

费卢杰位于伊拉克首都巴格达以西约69千米处，是连接巴格达、拉马迪、约旦的重要交通枢纽。2003年时全城总人口约为35万，大约95%的居民是逊尼派穆斯林。该市布局杂乱，街道密集狭窄，居民区、商业区和工业区互相混杂，全城有超过200座清真寺，房屋通常由砖块和石灰砌成，每间房子都有多个出入口，且相互之间紧密相连，是进行城市巷战的理想场所。

2004年4月4日开始的第一次费卢杰战役以美军的撤退告终：4000余名美海军陆战队和两个伊拉克营包围了费卢杰（城内反美武装不到2000人）开始了"警示行动"。美军首先以少量特种部队进城，随后2500名陆战队员在坦克、装甲车辆的支援下入城，激战当即打响。截至4月28日，美军仅控制了25%的地区，而由于美军对平民不加识别地攻击造成了约600人的死亡，被通过网络、媒体等广泛报道，美军受到了国际舆论的强烈谴责，加上伊拉克管理委员会、逊尼派政治人士的强烈反对及什叶派军阀萨德尔的麦赫迪军在纳杰夫、萨德尔城等地向美军发起大规模进攻，并公开表示支持费卢杰的武装分子等因素，美军撤回费卢杰郊区，把城市移交给当地的前伊拉克退伍士兵和前萨达姆政府官员组成的"费卢杰旅"。然而在此之后零星的冲突从未停止，至第二次费卢杰之战前美军在此阵亡的人数已超过300人。

第二次费卢杰战役于11月2日开始，美军调集10000余重兵围困费卢杰，在进行了充分的断水、断电、心理战措施后，对费卢杰展开了高强度的空袭和炮击，随后大量坦克涌入费卢杰城区进行突击，而步兵则开展逐房逐户、步步为营的巷战。至11月12日完全占领费卢杰，美军共消灭抵抗武装2200余人，其中死亡1200余人，俘虏1000余人。美伊联军付出近700人伤亡的代价，其中美军死亡88人，负伤500多人。在这场强弱悬殊的战斗中，美军以6∶1的兵力优势和绝对优势的火力、情报，换来的是1∶3的伤亡比例，代价可谓惨重。

远征城市环境适应性作战测试平台原型

美军在城市作战中的思路，与前文提到过的"深绿"和指挥官虚拟参谋类似，都是用人工智能增强人类在OODA环中判断－决策的速度，也就是采用"人机混合增强模式"；而在感知和执行环节，则是通过大力发展机器人，努力实现"无人模式"。针对未来城市作战的某些特殊性，美军则针对性地寻找解决方案，例如于2017年底启动"地下挑战赛"，就是寻求在人工隧道系统、城市地下环境、自然洞穴网络等地下环境实现快速测绘、导航及搜索。再如美陆军正在积极研发能够"攻破并进入建筑物，代替士兵深入险境"的战术机动机器人，它可以穿透墙壁或混凝土，将拍摄的照片传回后方；而"巷战攻击机"则是一款能够突入城市作战，在面对敌方数量众多的防空武器时能够生存下来，并在陌生而复杂的战场环境中灵活作战。

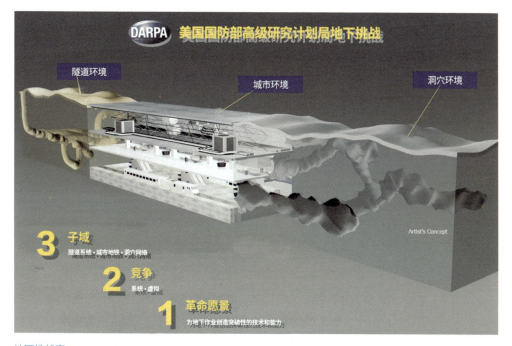

地下挑战赛

从战争史上的人车协同、步坦协同到人机协同，未来地面军事行动的景象似乎就是少量的人类士兵和大量的机器人组成的混合作战力量，而这种编成的重要内在逻辑之一，则是城市作战的环境需求。

2050 地面行动

战车称霸陆战，是由于古人推崇堂堂正正的平原野战；骑兵以其与战车同等的功效，依赖其更轻便、更廉价的优势将车战淘汰，步骑射混合方阵成为陆战主导；而坦克则大大增强了人类的体力和火力，步坦紧密结合作战将人类士兵的外在能力发挥到了前所未有的高度；但当坦克进入城市钢筋水泥的丛林，其庞大的身躯成为其最大制约，步坦结合反而成了活靶子，为了保护人类士兵，坦克被"拆分"成了不同类型的战场机器人，而坦克中的乘员则退到交战区域之外，以智能作战体系的方式驰骋于陆战场。

可以看出，在地面作战的行动环节，作战目的、作战装备与作战环境始终是紧密耦合的，而人类则始终居于这种耦合关系的中心位置，尽管从空间位置而言人类可能正在远离战场，但从行动的角度看，人从来就没有、将来也不会离开地面军事行动。

2018年8月，美国陆军研究实验室发表了亚历山大·科特的论文《2050年的地面作战：未来将是什么样？》，论文预测了2050年智能体和机器人在未来战场上潜力。该文全面介绍了2050年可能的技术发展趋势及作战影响。认为有两个影响未来陆战的重要趋势。一是用于情报、监视和侦察（ISR）的小型空中无人机的继续普遍使用,不但使得战场隐藏变得困难,而且也使反侦察问题更为复杂,大量用作诱饵的智能机器人,和大量智能传感器将在未来战场上展开侦察与反侦察的对抗博弈。二是智能弹药的持续扩散,使得可在更远的距离上作战,在团队协作中发现和摧毁指定目标,并能够瞄准和打击装甲等类型硬目标。

而这两个趋势将分化为以下具体发展:①越来越依赖无人系统,"人类将成为整体力量中的少数群体,进一步分散在整个战场上。"②智能弹药将主要依靠反导体系、装甲和工事来反制。"将需要专门的自主保护车辆,这些车辆将使用其大量的反导系统来反制智能弹药。"③部队将利用"非常复杂的地形,如茂密的森林和城市环境"进行隐蔽和防护,需要开发高度机动的"腿部和四肢地面机器人",能够协同进入这个拥挤的环境。④战场上自主作战系统将能补充额外的能源,"大量专用机器人车辆将作为移动的发电厂和充电站。"⑤"为了防护智能弹药的打击,扩展的地下隧道和设施将变得非常重要。这反过来将需要隧道挖掘机器人,以适应战场机动性。"⑥所有自主集成和联网的战场系统都将容易受到电磁网络(CEMA)的攻击。因此,网络领域内的斗争"将主要由各种自主的网络代理人进行,这些代理人将攻击、捍卫和管理具有特殊复杂性和动态性的整体网络"。⑦"作战机器人的产生和需求信息越来越密集型、海量和高速"需要自主性越来越高的指挥与控制(C^2)系统,人类越来越多地是监督自主而非半自主。

5.2 马汉已死

> 海上行动的威力方程式，就是力量加位置。
>
> —— 马汉

威力的方程式

1588 年 7 月 29 日，在梅迪纳·西多尼亚下令开炮之前，他无论如何也不会想到，自己麾下的"无敌舰队"将成为海战史上最具历史性意义的注脚：人类第一次发现舰载武器是可以将一艘庞然巨舰彻底摧毁的。

虽然人类在海上开展军事活动的历史几乎和在地面一样悠久，但由于木制战船以风力或人力驱动，机动性有限，早期的海上军事行动被局限在战船近前的狭窄范围内，接舷作战的方式被很多现代军事学家认为不能称为海战。虽然早在无敌舰队被英国海军击败的 17 年前，威尼斯人就用一场酣畅淋漓的胜利宣布，火炮才是海战的主宰，但那时火炮的作用，还只是用来消灭土耳其战舰上的水手，根本不足以摧毁一艘战舰。直到西班牙人在英吉利海峡的这次惨败，才成就了史上用火炮击沉战舰的壮举。

海战的核心和前提是舰艇,无论是水面还是水下,舰艇的作用对人类水手而言都是决定性的。海战从一开始就将纯人力作战方式剔除在外,古今中外从来没有一场海战,是双方战士不依赖舰艇,纯靠游泳在海中战斗的。从这个角度看,陆战中所谓的人-机关系在海战场毫无悬念:机械从始至终都是海战场的基础要素,尽管人类指挥官的谋略能够做到以弱胜强,以寡击众,但始终离不开舰艇这个生存基础。

知识链接:

英西海战中的装备

1588年的英西海战中,无敌舰队是重船慢炮(陆战重炮)的配置,更适用于传统的接舷作战,也就是船的主要功用是装载水手,炮的主要功能是杀伤对方的水手。而英军配置的是轻船快炮(远程速炮)的配置,更适合于船与船之间的海战,这也决定了英西海战成为海战史上炮击毁伤舰船的历史转折点。

> **知识链接：**
>
> **具有历史性意义的15场海战**[64]
>
> 萨拉米斯海战，公元前480年：击败了波斯对希腊的入侵。
>
> 勒班陀海战，1571年：遏止了伊斯兰向西地中海的推进。
>
> 无敌舰队海战，1588年：挫败了西班牙对信奉新教的英格兰和荷兰的进攻。
>
> 基伯龙湾战役，1759年：确保了英国与法国在北美和印度争霸中的成功。
>
> 弗吉尼亚海角战役，1781年：保证了美国殖民者的胜利。
>
> 坎普尔顿海战，1797年：永远消除了荷兰与英国在海军方面的竞争。
>
> 尼罗河战役，1798年：重挫了拿破仑统治地中海两岸并夺取印度的野心。
>
> 哥本哈根海战，1801年：成就了英国在欧洲北部水域的霸业。
>
> 特拉法尔加海战，1805年：终于摧毁了拿破仑的海军力量。
>
> 纳瓦里诺海战，1827年：昭示了奥斯曼帝国在欧洲的解体。
>
> 对马海战，1905年：确立了日本对北太平洋的霸权。
>
> 日德兰海战，1916年：粉碎了德国建立远洋海军的梦想。
>
> 中途岛战役，1942年：阻止了日本控制西太平洋的企图。
>
> 三月运输船队战役，1943年：迫使德国潜艇退出了大西洋的战斗。
>
> 莱特湾海战，1944年：确立了美国对日本海军无可争议的优势。

无敌舰队的惨败大大改变了海战的样貌，海战行动的空间被描述为"舰炮覆盖范围之内"，以舰队为核心的海上行动体系也开始主导全球海域，也就是说舰炮以及后来的舰载导弹，对于海战的最大贡献都在于拓展了行动时的覆盖面积，而潜艇和航母则将海战场延伸到了水下和空中，使得海战行动的空间范畴更加立体。

军事家们认为，现代海战的特点是体系对抗性强、作战区域广、作战环境严酷、作战强度大、保障难度高。但是从这些特点出发，除了体系对抗层面之外，似乎很难看到人工智能在海战中能做些什么。为了便于理解，让我们来进行一个不那么恰当的比较：鉴于人类士兵是陆战场的基础行动单元，舰艇是海战场上的基本行动单元，不妨将二者都抽象为一定数量的基础兵力单元在某种作战环境下遂行作战的过程，然后根据这种对比就会发现：

1.过去及现在，海战场基础兵力单元的数量，都远远少于陆战场。海战史上从来没有数以十万计的基础单元同时展开行动，即便是无敌舰队与英国海军的世纪之战，双方舰船总计也不过500艘，因此海战理论与陆战理论相比就略显"战术"。（为了讨论方便，暂且将当前海战行动的单元数量规模用"舰队级"表示，对应陆战行动的"军团级"。）

2.海战场上的基本行动单元之所以不能大量使用，一是其不具备自我繁殖能力；二是其建造成本过高，而这又是因为舰艇在具备作战功能的基础上，必须为人类水手在海上的生存乃至衣食住行提供全面保障，一艘战舰几乎就是一座功能齐备的海上移动城堡，同时也是一个人机共生的海上作战单元。

64.约翰·基根：《战争史》，中信出版社，2015。

3.海战行动环境的空间结构,要比陆战场更立体、尺度更大;但从某一位面来看,反而比陆战场更为简化,类似在城市作战难以发挥火力的问题,在海战并不会成为主要挑战。

4.如果未来低成本、智能化无人舰艇大量投入海战行动,可能使当前的海战行动在空间上进入"虚实融合"的阶段,参战单元上升到"军团级",那么海战行动的传统思维必然会被颠覆,进入全新阶段。

(推论10:海战方程)

由此看来,陆战场上梦寐以求的"人机共生"状态,在海战场似乎天然就解决得很好,下一步的重点应该是如何将其体系进一步优化,从而能充分发挥人与机器各自的优势。但现实却应了一句俗话:

"在外面的人想进去,在里面的人想出来。"

散开!散开!

自第二次世界大战结束至今,尚未发生过舰队级别的海上战争。能够在全球海域无所顾忌的唯有美国海军。其他国家海军相比美军,虽在局部地区可以维护自身权益,但均无力在全球水域与美军争夺海洋霸权,从这个角度理解,美军的海上作战理论显然更具有全面性和主动性。

美国海军一贯高度重视利用新技术催生新作战理念,"网络中心战""空海一体战"均是发源自美国海军,并迅速为各方面所认可和推广。2015年1月,美国海军提出"分布式杀伤"概念,尽管它只是一个战术层次上的作战概念,但由于其充分体现了智能时代作战的全新特性，已被列为美国国防部支持"第三次抵消战略"重点建设的作战能力之一。

"分布式杀伤"概念的核心，是由传统的"以兵力集中实现火力集中"向"兵力分散火力仍集中"转变。它改变了过去海上攻击任务主要由航母及其舰载机联队完成的模式，让大量水面舰艇（包括补给舰、两栖舰、运输船等辅助舰艇）具备中远程打击能力，在地理上分散部署。美军这样做有两个好处：一是增加了敌军C^4ISR系统对美军打击平台持续进行侦察、跟踪和监视的难度，从而确保美军安全；二是扩大了打击火力的规模，增加了敌军的防御难度，可提升打击作战效果。

显而易见的是，分布式杀伤需要强大的海上网络信息体系支撑（特别是传感网和通信网）、数量繁多的水面和水下无人舰船，以及高度智能化的作战指控体系。2015 年 DARPA 提出了跨域海上监视与瞄准项目（CDMaST），将美军现有的集中式的战斗群模式转变为一种分布化、敏捷化作战模式，将作战系统分布在 100 万平方公里范围的海域内，降低系统的整体风险。

这种模式把各种作战功能分散到各个低成本系统中，通过各种功能的有人／无人系统构建"系统之系统"，实现对水面敌方舰船和水下潜艇大面积、跨域（海下、海面和空中）进行监视和定位的能力，增强感知能力，有效实施打击。能够将海量低成本、分散化的有人／无人系统及各类传感器系统利用起来，获得最大化的作战效率，使得敌方作战耗费远高于己方，更加经济地达成作战目的。

分布式杀伤作战概念的发展，可以视作"推论 10"的现实注解，也就是说由于智能化海战行动的规模，已

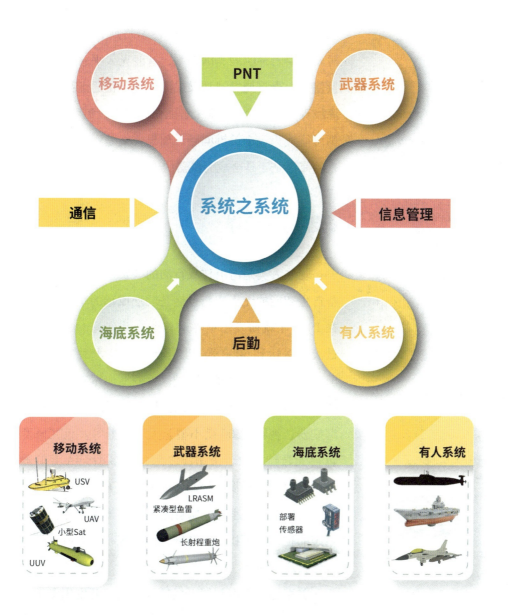

CDMaST 项目概念图

经不再局限于舰队级,而是迅速向军团级演进,马汉的"海战威力方程式"很有可能不再适用,而是代之以智能化海战方程。诚如彼得·W. 辛格所指出的,即便在对马汉奉若神明的美国海军,智能无人平台在海上的大量使用,也将使得"马汉式海战观"正逐渐被"科贝特海战观"所取代。而未来智能化海战中还需不需要人类,则可能成为一个关键问题。如果答案是不需要,那么未来的海洋是不是会成为机器的天下呢?

> **知识链接:**
>
> **科贝特及其海战理论**
>
> 朱利安·斯泰福德·科贝特(Sir Julian Stafford Corbett, 1854—1922),英国军事理论家,也是英国最伟大的海洋战略家。他开启了西方海洋战略理论研究的先河,提出了一整套可与大陆战争学派相抗衡、与马汉的海权论又有所区别的海洋战略理论。
>
> 科贝特认为海军在战争中起主要作用,并断言掌握制海权和控制海上交通线是取得胜利的条件;还提出一系列新的海上作战原则。主张在总决战前采取防御战略,对敌岸实施远距离封锁,以辅助兵力进行小型海上作战等。
>
> 科贝特反对把海权的作用绝对化。认为海权自身没有独立的意义,无论是消灭敌方主力舰队,还是将敌人封锁在港口之内,抑或是对商船队进行护航,其最终目标都是影响陆地事务。他认为制海权从时间维度看不是永久的,从地理界限看不是无限的(以此为制海权的非零和关系奠定了基础),因此马汉所青睐的战列舰/大舰队决战思想也不应是海军追求的首要目标。

机器制霸海洋

既然人类是海上作战行动的"负担",那么发展具备自主智能的无人舰艇自然是顺理成章的事情。苏联早在 1976 年就研发出世界上首批 L 系列无人潜航器,其最大潜深达到 6000 米,其中大部分技术后来成为不少国家研制无人潜航器的基础。俄罗斯海军在役潜航器包括大琴键 -1R 大型无人潜航器、马尔林 -350 小型无人潜航器、视野 -600 微小型无人潜航器等。正在研发的包括大琴键 -2R、朱诺、波塞冬等多型无人潜航器,特别是由红宝石设计局制造的波塞冬无人潜航器,可以 60～70 节的航速隐蔽航行超过 1 万千米,并在智能化系统的控制之下机动至敌国沿海地区,引爆所携带的常规弹头或核弹头。

美军的无人潜航器发展较早,相继开发出多类型、用途广泛的无人潜航器。其任务领域已从最初执行简单情报监视侦察、反水雷作业,发展到反潜、特种作战等多个领域。1994 年,美海军正式将无人潜航器发展列入计划,提出优先发展无人潜航器的侦察、预警和海洋调查能力。美海军先后于 2000 年、2004 年、2011 年发布了三版《无人潜航器计划》,为水下无人潜航器的发展确定了多层次、全方位、体系性的基本框架。2011 年美海军发布的《水下战纲要》,提出要加强对大型 UUV、特种部队航行器、分布式水下网络、全球快速打击系统等有效负载的利用;2017 年 1 月,美国公布了《下一代无人水下系统》报告,提出近、中期无人水下系统构想,建议采用商用无人潜航器扩展水下竞争优势。美海军战略司令部还提出了"先进水下无人舰队"的概念,要求

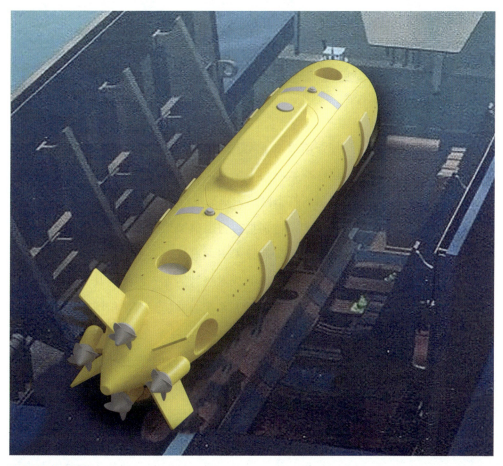

波塞冬无人潜航器

DARPA 反潜战持续跟踪无人艇概念图

加强前沿水下无人系统预制，打造新型水下作战体系。正在探索利用多个无人潜航器组成机动式一体化侦察、探测、打击网络，提高反潜作战能力。

美军特别重视将当前民用领域较为先进的技术，尤其是人工智能技术引入海战无人平台的研发。美海军正在开发低成本的战术级智能无人系统，其将结合载人、无人以及可选载人系统，并起到力量倍增器的作用。如DARPA 的"反潜战持续跟踪无人艇"（ACTUV）项目，就大量采用了商用技术，致力于开发一种能够在数千平方公里范围内实现无人驾驶、超长续航、自动跟踪搜索敌方潜艇的低成本无人舰艇。目前其原型艇已经开展了相关海试。

目前为止，美国海军已经实际列装了大量的无人作战装备，包括无人作战飞机、无人舰以及无人艇；在行动领域上涉及情报监视侦察、反水雷、反潜战、侦察与识别、海洋调查、通信导航、设备运送、信息作战和时敏打击等各种行动。其中一些装备的自主化水平已经达到了很高的程度。如"火力侦察兵"MQ-8无人机，可以实现自主发射和回收，能够在飞行中更新任务并拓展飞行包络，对载船作战的影响和维护支持的要求都已实现最小化。[65]

美国海军的装备发展趋势似乎令人以为，人类将退回到陆地，将辽阔的海洋留给智能无人系统。如果按照这种逻辑，那么未来极有可能出现数量惊人的低成本高智能无人系统支配海上行动的局面。海上行动真的会出现与陆上行动截然不同的发展趋势么？

2050 海上行动

2018年6月，美国海军的两名军官发表了一篇名为《人工智能在海战中崛起》的文章，认为海军应该在"可预测的、规则或模式不变的"任务中部署人工智能，例如海上作战后勤调度与补给，以及为两栖作战小组的每日航路规划，并应避免将人工智能投入到"规则和模式不可预测"的变化型任务。该文认为要想让人工智能在海战中发挥作用，除了要对使用人工智能的机会和局限性有正确认知之外，还需要做好四件事：数据源、通信链路、数据库、算法及接口。另外还要构建适度合理的人-机适应体系。

这篇论文反映出一种微妙的心态，即对人工智能接管行动主导权的排斥，坚持要把命运攥在人类手里而非

---

65. 中国电子科技集团公司发展战略研究中心：《世界军事电子年度发展报告2018》，电子工业出版社，2019。

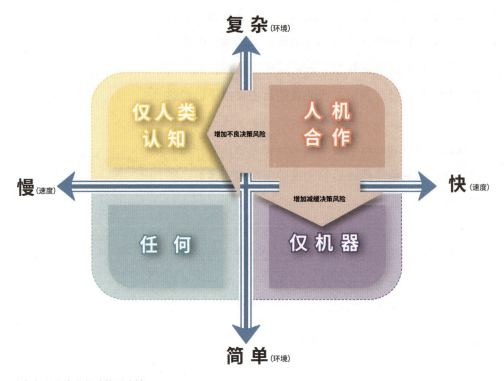

人与机器在海上行动的适应性

交给算法,这可能是每个身处战场中的人类水手都会具有的潜意识,但如果人类从海战场抽身出来,躲在后方陆地上指挥海上作战会发生什么呢?毕竟制海权的取得,并不需要消灭所有的人类,人原本就是海战场上的某种"成本负担"。

回答这个问题还是需要回到海上行动的作战目的上来。埃莉诺·斯隆认为,美军在20世纪90年代发表的军事革命学说包含了一个海军学说的重要变化,这一变化的含义是海军从蓝水海军、公海作战进入到濒海作战,以及从海上向陆地投送兵力[66]。

毫无疑问,这种变化反映出美军基于其稳固的蓝水霸权,将战略前沿进一步前推,确保"战斗在敌人家

66. 埃莉诺·斯隆:《军事变革和现代战争》,电子工业出版社,2016。

门口打响"的基本思想。2019年6月20日，美国智库CSBA发布《海上压力——锁紧岛链计划》报告，针对中国的近岸防御体系，提出了利用智能无人作战单元突入火力覆盖范围，在岛链内部以战略预置部队形式巩固封锁；以航母编队及其他无人作战单元在岛链外部进行指挥控制，并以太平洋上的岛屿作为作战支撑，锁紧对华封锁等一整套战法体系。

海上压力作战虽然不是美国海军的官方作战概念，但其中的逻辑却值得认真思考，即如果美国海军的对手不是另一个争夺全球海域制霸的海洋国家，而是中国这样的大陆国家，应该如何实现智能化的海上行动？答案很明显，智能无人系统在这种想定下的定位非常清晰，它们不是用来对付海上目标的，而是用来"以海制岸"的，用以压制和抵消"拒止"和"反介入"能力的。

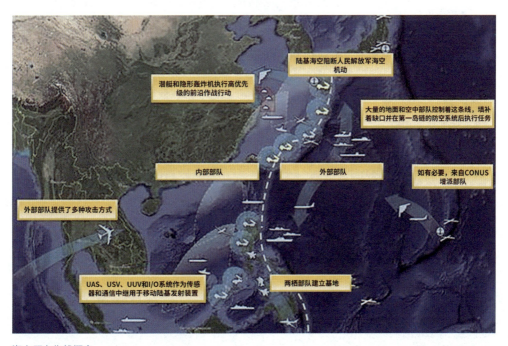

海上压力作战概念

从这个角度看，美国海军在针对谁而量身定制智能无人系统是不言而喻的。另一方面，美国此前提出在2050年完成355舰艇建设的《三十年造舰计划》，并在随后通过各种手段将这一时间提前到了2036年左右，并决定在2020年至2024年间，再花费40亿美元购买10艘大型无人水面舰艇和9艘无人潜艇，以填补在2020年中期削减一艘航空母舰时所带来的真空。可以说，这笔"19换1"的调整针对性极其明显。当然从355舰艇的构成比例也不难分析出，美军对于称霸蓝水和濒海制胜的战略取舍和资源配置。

综合本节的分析可知，未来一段时期的海上行动样式，很大程度上取决于美军的作战目的，因为其在全球海域的霸主地位，使得其拥有"决定战争在哪里打响"的能力，如果濒海作战是未来海战的主要形式，那么智能无人系统必将成为战争的主宰力量，但如果全球海域成为未来海战的主要战场，那么有人舰艇和智能无人系统孰优孰劣还很难给出定论。

知识链接：

美海军的2050舰队构成

目前媒体普遍提到的355艘舰艇规模，是美国海军在2016年12月完成的《2016兵力结构评估》报告中提出的未来三十年的兵力结构远期建设目标。主要包括但不限于：

弹道导弹核潜艇12艘，
攻击型核潜艇66艘，
核动力航母12艘，
大型水面战斗舰艇（驱逐舰和巡洋舰）104艘，
小型水面战斗舰艇52艘（包括近海战斗舰、护卫舰和水雷战舰艇），
两栖舰船38艘，
战斗支援舰32艘，
远征快速运输船10艘，等等。

美国海军到目前为止仍然全球规模最大，作战舰艇数量为287艘，而特朗普上任以来，美国便开始与全世界各个国家发生外交冲突与矛盾，特朗普随即指出这是海军舰队实力不够的表现，希望通过庞大的海军舰队继续维持其海军霸主的位置，通过武力强化自己在国际的话语权。美国副总统彭斯于2019年5月在佛罗里达州杰克逊维尔海军航空基地向军事人员发表讲话时称，打算将美国海军的战舰数量增加至355艘。

5.3 人永远长不出翅膀

> 只有鹦鹉才喋喋不休，但它永远也飞不高。创造是人类精神最高表现，是欢乐和幸福的源泉。
>
> —— 莱特兄弟

天空是谁的

如前所述，地面军事行动永远离不开人，海上军事行动是否会被机器制霸则需要视作战目的而定。而空中军事行动的出现要比海上和地面要晚得多，如果说在海上和地面军事行动中使用机器是为了确保在该作战域的制权，那么机器在空中军事行动中则首先要解决人类无法飞行的问题。

人类生而不会飞，身体里根本就没有飞行的能力基因，即便是借助各种飞行机器，也只有极少数人具备驾驶飞行器的能力，能够在空中进行战斗的人更是凤毛麟角。而一旦人类借助机器实现了飞翔，就迅速展现出其巨大杀伤力，在雷达出现之前，一架飞机就可以如天神般压制地面的千军万马，而空中格斗也宛如骑士决斗般优雅，在地面或海上的"围观者"唯有仰天兴叹，这也是为何早期空战中凭借机器获得全新能力的人能够一跃成为战场的主宰。

人类为什么要在天空作战？因为天空太重要了！一旦握有制空权，就对地面和海洋形成了居高临下的军事优势，这种优势在现代战争中几乎可以等同于战争的胜势。但人类一定要自己飞上天空才能赢得制空权？飞行器离开人可以作战吗？

事实上，无人飞行器要比有人飞行器出现得更早，利用无人飞行器遂行军事行动，也要比有人飞行器参战更早。飞机诞生以后的一段时间内，空战行动受到人的能力短板和机械的能力短板共同制约，因为人并不能给机械提供任何空中优势，而机械在自身能力不足的情况下，又要分出很大一部分能力用来弥补人类不会飞行的短板，因此就形成了人与机器"相依为命"的局面，但随着技术的飞速进步，人类很快就成为了机器在空中行动的"负担"。

二战时期，战斗机的机动性能突飞猛进，迅速逼近人类生理所能承受的极限，其中最为典型的就是"机动过载"，也就是战斗机在空中机动时，会产生极高的加速度，这会导致人体因大脑缺血而发生昏厥或者死亡，战斗机飞行员可以借助生命保障系统进行缓解，但目前经过长期训练的特技飞行员或是宇航员的极限 g 值一般不超过 $12g$。一般战斗机飞行员承受极限一般在 $8{\sim}9g$ 左右。

但对于机器而言，这个程度的加速度根本不算什么，这也就是为什么再好的战斗机在空中也"飞"不过导弹，因为后者的加速度随随便便就可以达到重力加速度的几十倍，碾压人类能力，所以如果飞机上没有人，同样作为机器的飞机就可以毫无顾忌地在空中与导弹来一场

> **知识链接：**
>
> **2000 年前的军用飞行器**
>
> 风筝的发明纯粹是出于军事目的，传说"公输班制木鸢以窥宋城"。春秋战国时期造纸工艺不发达，鲁班只好用竹子制作风筝，《墨子·鲁问篇》中说，鲁班根据墨翟的理想和设计，用竹子做风筝。鲁班把竹子劈开削光滑，用火烤弯曲，做成了喜鹊的样子，称为"木鹊"，在空中飞翔达三天之久。公元前 190 年，楚汉相争，汉将韩信攻打未央宫，利用风筝测量未央宫下面的地道的距离。而垓下之战，项羽的军队被刘邦的军队围困，韩信派人用牛皮做风筝，上敷竹笛，迎风作响（一说张良用风筝系人吹箫），汉军配合笛声，唱起楚歌，涣散了楚军士气，这就成语"四面楚歌"的故事。
>
> 在正史中也有风筝用于军事的记载，据南史卷八十《侯景传》中所述，在梁武帝萧衍大清三年（公元 549 年）时，侯景作乱，叛军将武帝围困于梁都建邺（即今南京），内外断绝，有人献计制作纸鸦，把皇帝诏令系在其中，乘西北风施放向外求援。不幸纸鸦被叛军发觉射落，不久台城即遭攻陷，梁朝从此也衰微灭亡。

战斗机飞行员在 9g 时 2 秒昏厥

"速度与激情"的比拼了。

由此看来,人类坐在战斗机上的意义已经不是参与行动,而在于进行指挥,也就是说战斗机赋予人类在空中飞行的机动能力,而人类赋予战斗机以战斗中应变的决策能力。但如果博伊德的《空中攻击研究》出版了几十年后,仍然没有飞行员能够创造出一种全新的格斗动作,就意味着人类在空中的格斗方面的创造力是可以被穷尽的,那么人工智能在这个方面取代人类不过是分分钟的事情。当然也有人会说,现在早已是"超视距攻击""非接触作战""蜂群作战"的时代了,空中格斗(英语 DogFight,又称狗斗)在现代空战中早已不是主流,谁还会"空中拼刺刀"呢?

厘清这个问题，还是要回到无人机的能力。无人机投入空中军事行动时间其实已经很久了，美国早在1917年就已改装出一架无人驾驶的鱼雷攻击机，但由于作战指标不满足要求而被搁置。从无人机20世纪初登上战争舞台以来，在侦察监视、信息干扰、战损评估、对地攻击等诸多方面都表现优秀，甚至在很多领域大有取代有人机之势，唯独在空中格斗方面，无人机始终无法挑战有人机，其根本原因，就在于机器的智能化水平始终无法达到人类的水平。

2016年6月，美国辛辛那提大学开发的"阿尔法"人工智能系统，在模拟空战中以10∶0击败了经验丰富的美退役飞行员。据称该系统在空中格斗中协调战术计划比人类快了250倍，从传感器搜集信息、分析处理到作出正确反应，整个过程不到1毫秒，可同时躲避数十枚导弹并对多目标进行攻击，还能协调队友，观察学习敌人战术，而硬件基础仅为售价500美元的普通PC机。

单是这次比赛就足以看出，机器在空中行动中碾压人类的原因，已经不只是因为它超越了人类"机动过载"的生物限制，也因为人工智能在决策能力和反应速度上具备超越人类的可能，由此推知在人工智能成熟应用的空中行动中，特别是在空中格斗中，人类面对智能无人机将毫无胜算。

鉴于人工智能在空战中的巨大前景，DARPA于2019年5月启动了空战演变（ACE）计划，旨在开发可靠且值得信赖的AI空战软件程序，以便接管全面空对空作战。该计划将从简单的一对一战斗场景中，以类似于训练人类飞行员的方式训练人工智能的空中格斗技能，然后再进入更复杂和快速变化的情况。从战术级到

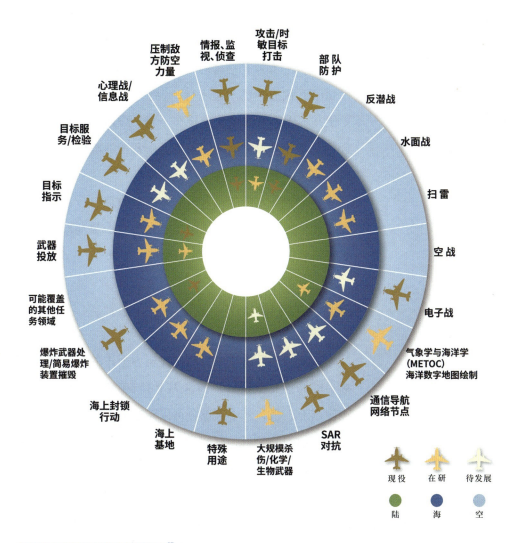

美军无人机的任务领域（2007）[67]

67. 郝英好：《无人机发展概览》，国防工业出版社，2018。

战略级空中行动，逐步实现机器对人的替代。

以目前的技术水平而言，人工智能完全接管空战尚需时日，至少美军当前的飞行员还是更加信赖人类的经验和智慧。美国空军研究实验室认为忠诚僚机，以及类似 XQ-58A 女武神这样的无人机应该与有人驾驶的第四代和第五代战斗机一起飞行，"将有人驾驶飞机与明显更便宜的无人驾驶系统连接在一起，可以轻松地重新组合各个部件以产生不同的效果，或者在被破坏时迅速更换，从而产生更具灵活性的作战能力。"

那么，有人机与无人机混合编组的空中行动模式，到底是一种机器能力不足的权宜之计，还是未来智能空战的完美组合呢？让我们分别来做一个梳理。

忠诚的机器

无人机是目前空中行动，甚至各个作战域中最令人瞩目的智能化武器。目前世界上有 60 多个国家或地区在使用无人机，其中大部分可以制造无人机。美国是无人机领域的领导者，有超过 1 万架无人机投入使用，不但已经超出美军有人驾驶飞机数量，而且比世界其他地区的无人机数量都加在一起还要多。在阿富汗战区层次的军事行动期间，美军无人机每年飞行近 20 万小时。

前文已经说过，无人机相对于有人机的优点在于其不必考虑人类的生物限制，可以大大提高其空中机动性，而人工智能的发展又有可能让人类在空中行动中仅存的智力优势烟消云散，那为什么还要发展有人无人协同呢？让我们从一个具体例子中来寻求真相。

2015 年，美国空军研究实验室（AFRL）正式启动

无人机发展简表

时间	型号	应用
1917	斯佩里空中鱼雷	自动陀螺稳定器发明,该装置能够使得飞机保持平衡前飞。
1920—30	RAE 1921	炮兵的训练靶机。无人机开始用于军事训练靶机用途。
1935	DH-828 蜂王号	蜂王号的发明使无人机能够返回起飞点。
1944	复仇者一号	德国为攻击英伦列岛设计,成为当代巡航导弹的先驱。
1955	瑞安烽火号	世界上首架喷气推动的无人机,用于美军情报收集。
1980	YAMAHA	应日本农林水产省委托研发农业植保无人机。
1986	RQ-2A 先锋号	为美国海军战术指挥官提供特定目标以及战场实时画面。
1992	搜索者无人机	以色列量产型无人机,批量装备部队。
1993	阿巴比无人机	伊朗量产型无人机,拥有靶机、监视型和攻击型三种型号。
1994	MQ 捕食者	美国通用原子公司研制,升级版能够携带武器攻击目标。
1994	RQ-1 捕食者	美国通用原子公司研制,升级后携带反坦克导弹,代号 MQ-1。
1995	曙光无人机	印度无人机,2007 年完成全自动验证飞行开始小批生产。
1997	RMAX 无人机	雅马哈公司研发,军用版代号 Mk IIG 于 2005 部署到伊拉克。
1998	RQ-4 全球鹰	2001 完成从美国飞到澳大利亚的飞行壮举。投入阿富汗作战。
2001	MQ-9 收割者	美国通用原子公司研制,2004 装备部队。
2002	云雀无人机	以色列无人机,相继售往澳大利亚、加拿大、瑞典等国。
2004	RQ-7B 幻影 200	能定位和识别战术指挥中心 125 公里之外的目标。
2005	翼龙无人机	中国无人机,具备远距离长航时侦察和精确打击能力。
2006	雷神无人机	BAE 公司为英国研制的隐身、自主作战型无人战斗机。
2009	RQ-170 哨兵	臭鼬工厂为美空军研制,参与阿富汗作战和刺杀本拉登行动。
2010	大疆无人机	引发市场对消费级无人机以及无人机市场的关注和投资热潮。
2012	海雕-10	俄罗斯国防部决定列装,部署于黑海舰队及其他敏感地区。
2013	X-51A	美国高超声速无人机,飞行速度马赫数 5.1。
2013	X-47B	在布什号航母上成功完成拦阻着舰试验。
2013	利剑无人机	中国的大型隐身攻击性无人机。
2015	彩虹 4 无人机	伊拉克从中国进口的 CH-4 无人机对 IS 恐怖分子进行攻击。
2019	XQ-58A 女武神	原型机实现首飞,基于美军"低成本可消耗飞行器技术"(LCAAT)计划研制,可用于"忠诚僚机"。

忠诚僚机

了"忠诚僚机"项目,旨在能够将有人战斗机与具备自主作战能力的无人机实现有效集成,完成协同作战,提高作战效能。该项目当前验证的重点还是对地攻击,但显然其未来目标是进行自主空战。美军的项目公告明确要求无人机应尽可能携带更多数量的武器,充当 F-35 的弹药库,能够对空中和地面目标实施打击。

"忠诚僚机"的一种作战想定是:有人长机指挥四架无人僚机(比如由 F-16 战斗机改装的 Q-16 靶机,或是女武神无人机)进行协同作战,长机命令无人僚机对两个分离的目标实施打击,并在固定时间、固定位置回到编队中,无人僚机自主进行规划和行动,当然包括作战风险评估和所需燃料的最小化。在该种作战概念下,在高危险作战中具备自主功能的无人机可在五代有人机前面扮演突防的角色,承担发现、摧毁目标,以及作为 ISR 的信息融合节点的任务,而有人机可在对方防空火力之外进行指挥控制,避免遭受敌方打击。

从作战效果上来看,"忠诚僚机"可以借助五代机的作战网络节点角色,充分发挥四代无人机火力充足和机动性好的优势,从而加强二者在空战中的杀伤力。这种有人-无人的自主编队主要包括编队集合、编队保持、编队重构以及由有人长机指挥的分散行动四个关键组成部分。而所有这些部分中,人工智能技术都扮演着作战编队能否成形的决定性作用。

另一方面,无人机做成僚机分担了一部分任务之后,有人机就可以从事更"高端"的任务了,当然其中也少不了利用人工智能技术对有人机的性能进行提升和强化。目前美军正在加快开发一种专为F-35隐身战斗机设计的威胁目标智能管理系统,其中包含了全球范围内F-35可能面对的战斗机数据,其设计宗旨是精确识别在全球各个高风险地区活动的敌机,比如中国歼-20隐身战斗机和俄罗斯T-50(苏-57)等第五代战斗机。

该系统由硬件和软件两部分组成,硬件将同F-35先进的航电系统、雷达系统对接,充当信息的输入源,然后借助储存在系统中的对方战机信息和地理空域信息进行分析处理,通过自我学习的方式进行智能优化,并在飞行中实时将这些信息与现有的敌方威胁资料库进行比对,确保F-35能够在敌方火力范围之外识别并摧毁敌方目标。

通过对"忠诚僚机"项目的梳理不难看出,有人机和无人机协同编组的优点在于:一是通过模块化编成,可降低单个装备的建造难度和成本,有人机只负责感知能力和指挥控制水平,而无人机专注于发扬火力和机动性,大大降低单装的复杂程度和成本;二是通过简化单个装备的功能，让各个模块从多余的功能负载中解放出来，大大提高其作战能力；三是通过分布式的结构，使得空中作战体系的效能更高、抗毁性更好，这与前文的海上"分布式杀伤"如出一辙。

结论已经很明显了，有人机与无人机之所以要协同编组，是不同功能类型的作战单元组织成为作战体系的需要，其中某些类型的作战单元需要人的参与才能完成任务，就像没人会把轰炸机、歼击机、对地攻击机、预警机等所有机型的功能集中在一架飞机上一样，有人无人协同编组是出于任务需要和体系效能综合权衡下的现实选择。

另一方面，人类在空中行动某些作战单元中的存在并不是不可撼动的，诚如轰炸机在二战时需要大量人力，但现在隐身无人轰炸机却成为主流。从这个角度讲，随着人工智能技术的发展，无人集群全面占领空中是必然的事。

蜂拥而胜

2012 年，美国海军研究院发表了一篇题为《无人机集群攻击》的文章，称经过数百次的模拟得到一个令人咋舌的结论：当面对数十架无人机组成的"蜂群"攻击时，即便是防御系统进行过升级的舰艇，也只能挡住 7 架左右无人机，也就是说舰艇面对"蜂群"的攻击有可能是无解的，就像是坦克面对直升机那样。不知是不是这篇文章的缘故，美军乃至全世界迅速迷恋上了无人机蜂群。

蜂群攻击

2017年3月,俄罗斯披露正在研发一种基于神经网络的"蜂群"控制技术,该技术最大的特色是可以令加装了此类设备的无人机"联网成群",在数百米范围内相互通信,且可以不依赖地面控制站进行自主决策。2017年6月,中国电科成功完成了119架固定翼无人机集群飞行试验,并于同年12月成功完成了200架固定翼无人机集群飞行,引起了全世界的广泛瞩目。

美军与无人机蜂群相关的部分项目

项目名称	首次披露时间
进攻性蜂群技术(OFFSET)	2017
忠诚僚机(Loyal Wingman)	2016
小精灵(Gremlins)	2015
体系集成技术与实验(SoSITE)	2015
跨域海上监视与瞄准(CDMaST)	2015
拒止环境协同作战(CODE)	2015
低成本无人蜂群技术(LOCUST)	2015
分布式作战管理(DBM)	2014
山鹑(Perdix)	2014

前文已经提及，群体智能最大的特点，就是可以将大量"弱智"的单体构建成一个具有强大智能的行动体系，这和自然界很多动物的行为极为类似，因此军事研究人员对实现群体智能领域的突破性进展有着浓厚的兴趣，因为这类技术可以将廉价而又"低能"的无人系统，凝聚成足以对抗航母这种庞然大物的智能集群。这无疑将对现有的作战体系和装备体系形成直接的颠覆作用。2016 年美军"山鹑（Perdix）"项目进行飞行试验时，英国军事智库皇家联合军事研究所（RUSI）就曾评论说："为了对付那些试图识别大型高速飞机的防空系统，廉价的可折损微型无人机似乎是一个选择，这个系统可能会在不久的将来投入使用。"

2019 年 8 月 17 日，沙特石油基地遭到无人机攻击，损失据说超 10 亿桶，发起此次攻击到底是胡塞武装还是伊朗军方一时成谜，但军事观察家们关心的显然不是这个问题，而是区区 10 架无人机是如何突破了沙特重金打造的防空系统的。虽然目前对此次袭击的技术细节尚不得而知，但仅凭如此悬殊的效费比，将其称为人类战争史上的里程碑战例也毫不为过。

从作战的角度看，无人机蜂群具有成本低、零伤亡、突防性能好等一系列优势，其中成本低是其能够"成群"作战的关键因素，但与此相对的就是单机性能的孱弱，由此就给无人机蜂群的空中行动带来了很大的使用场景限制，而在某些作战想定中需要单机性能极其强大的无人机，如空中格斗所需的无人机，其技术之难和成本之高，使得其基本没有"集群"的可能性。

由此看来，在可以预见的一段时间里，机器让人从空战中走开的可能性还不是很大，而其中的原因并不在于机器的能力不足，毕竟无论是生理适应性还是决策水平，机器都在人类飞行员之上（当然空中"狗斗"的问题还需要解决），目前人类还在空中行动中拥有一席之地的关键制约因素就是成本，如果有朝一日随着技术的发展，大型无人机的成本能降到现在无人蜂群的水平，那人类就没有任何理由再起飞了。

2050 空中行动

2019年9月10日，DARPA和米切尔航空航天研究所发布了题为《马赛克战：恢复美国的军事竞争力》的研究报告。报告认为，冷战结束后的几十年里，中俄等竞争对手对美军的作战体系进行了深入研究，并成功开发出了针对性的作战理念和武器系统，最典型的体现就是"反介入/区域拒止"。而美军在"911"事件后深陷反恐战争和反叛乱战争的泥潭，致使其兵力结构已无法适应未来的大国战争，为了填补美军的能力差距，需要一种面向未来的兵力设计，目标是利用信息网络创建一个高度分散的杀伤网，以确保美国军事体系在竞争环境中发挥效能，并使美军的目标节点最小化。

"马赛克战"概念其实早在2017年就已经由DARPA下属的战略技术办公室（STO）公布了，它与美海军的"分布式杀伤"有异曲同工之处，都是追求将传统的多功能高价值平台分解为一系列最小的实际功能单元，构成一个大范围的协同杀伤网。就像小小的马赛克通过拼接构成各种绚烂的图画一样，这些小型功能单元可以根据任务需要形成各种不同组合，以此适应各种类型的军事行动。

相比于传统战争,"马赛克战"根据可用资源,针对动态威胁进行快速定制,即将低成本传感器、多域指挥与控制节点以及相互协作的有人、无人系统等低成本、低复杂系统灵活组合,创建适用于任何场景的交织效果,即使对手可以中和组合中的许多部分,但其集体可以根据需要立即做出反应,达到理想的整体效果,形成不对称优势。

马赛克兵力设计概念不仅仅是一个信息架构,而是一种系统战争的综合模型,将会重塑需求和采办、作战概念和战技规程开发、兵力分配等一系列过程。前文已经对这种"化整为零"配置兵力的好处进行了详细分析,本节不再赘述,需要特别强调的是,对于未来的空中战场而言,大型平台的优势受人类飞行员限制是极为明显的,无论是在数量规模上还是作战效能上,人类飞行员都很难与无人机相比,更为重要的一点是,这个特性不仅适用于全球交战兵力局促的美军,对于任何一个拥有空军的国家而言,生产无人机都要比培训战斗机飞行员更为经济可行。

本节提到的诸多美军项目,如空战演变(ACE)计划、女武神无人机、忠诚僚机项目,其实都属于"马赛克战"的组成部分。由此可知,在未来的空战中,人类退出空中行动是必然的,悬念仅存在于人工智能何时攻克无人机"狗斗"这个最后的难关,以及大型无人战斗机何时可以便宜到大规模生产。

"马赛克战"概念与目前应用广泛的"系统之系统"有许多共同点,但"马赛克战"相较于"系统之系统"更为先进。"系统之系统"是从概念设计到最终作为一个整体运作,每个部分都经过独特设计和集成以填补特

"马赛克实验"环境概念图

定角色,由于其由单一系统集成设计,配置一成不变,因此系统的构造需要遵守特定的标准,设计标准达成后,若要进行修改就必须要重新设计,并且需要很长的工程开发周期来评估分析每个模块的变化对整个系统的影响。这就限制了"系统之系统"的适应性、可扩展性和互操作性。

"马赛克战"是将工程设计方法转变,构建了一种自下而上的组合能力,其中单个元素(或现有新系统),就像拼图中的单片马赛克,组合起来动态地产生先前未预期的效果,彻底改变军事能力的时间周期和适应性。因此,"马赛克战"的关键技术从平台和关键子系统的集成转变为战斗网络的连接、命令和控制。用于拼接组合的新技术支持按需组合、集成和互操作性。该技术能够实现向后兼容性,并及时、定制化创建所需任何连接点,以新颖的方式连接庞大而有能力的子系统或系统库存以实现新功能,并最终形成"马赛克战"持久、快速、开放的未来适应性。

5.4 成也赛博败也赛博

> 未来大多数常规战争将会伴随赛博战，而其他的赛博战将会"独立"进行，没有爆炸、没有陆军、空军和海军。
>
> —— 克拉克

相对于陆海空，赛博空间（cyber space）称得上是"人造空间"，由于种种原因，目前国内对 cyber 一词的翻译多有争议，有"网电""网络""控域""网域"等译法，为了便于讨论，本书借鉴对"雷达"（radar）一词的翻译方式，直接使用其音译"赛博"。

最热衷于在赛博空间展开作战行动的无疑是美军，第一本赛博战略专著就是克林顿的总统安全顾问理查德·克拉克所著的《赛博战》（*Cyber War*），该书写到，我们有理由充分相信：大多数未来的常规战争将会伴随赛博战而来，而其他的赛博战将会"独立"进行，没有爆炸、没有陆军、空军和海军。

方兴未艾网络战

互联网已经成为当今人类社会文明的重要标志之一，从日常购物到办公交流，从婚丧嫁娶到政府办公，我们无时无刻不在享受着互联网带来的便利。互联网虽然是人类发明的，但网路空间从诞生之日起就是一个"机器的空间"，人类的肉体是不可能进入网络空间的，进入其中的只能是信息而已。互联网之所以能有今日之繁荣，应用程序的快速发展以及信息的自由流动厥功至伟；前者天然具有人工智能的性质，而后者则随着网络不断向物理空间渗透而变得越来越"人机不分"。2015 年，接入到互联网上的设备全面超越地球上人类的总数[68]。也就是说，当今互联网上的信息节点更多的是由机器而非人类主导。

众所周知的是，互联网技术来自美国军方，其天生就带有不可磨灭的军事印迹。美国利用其所拥有的技术优势，以及美国企业在网络基础设施方面的垄断地位，大量开发网络武器，引发军备竞赛，给全球网络安全带来严重的威胁和风险。

2017 年 5 月 12 日，"想哭（WannaCry）"勒索病毒在全球暴发，波及 150 多个国家和地区、10 多万个组织和机构以及 30 多万台电脑，损失总计高达 500 多亿人民币。

此次勒索病毒之所以造成如此严重损失，一个重要原因是美国国家安全局开发的"永恒之蓝"网络武器流入民间，被黑客利用改装成了"想哭"病毒。微软总裁兼首席法务官史密斯公开指责美国国家安全局在此次勒索病毒事件中负有不可推卸的责任，甚至将此次"网络武器库被盗事件"与战斧导弹遭窃相提并论。而这个由美国国家安全局开发的网络武器"永恒之蓝"，只是美国国家安全局"方程式"组织所使用的众多网络武器之一。

> **知识链接：**
>
> **美军的网络战情结**
>
> 互联网起源于美军，美军也是最早筹划组建网络战部队的军队。早在 1995 年，也就是互联网尚处于"万维网"阶段的时候，美国国防大学就培养了 16 名依托计算机从事信息对抗的网络战士。2002 年，时任总统布什签署"国家安全第 16 号总统令"，要求国防部牵头制定网络空间行动战略。同年 12 月，美国海军率先成立网络司令部，空军和陆军也迅速跟进，组建军种网络部队。2005 年 3 月，美国国防部出台《国防战略报告》，明确了网络空间的战略地位，将其定性为与陆、海、空、天同等重要的第五维空间。2010 年 5 月美军建成统管全军的网络司令部，统筹各军种网络战力量，强化网络空间行动指挥控制。美军分别于 2011 年和 2015 年推出《网络空间行动战略》和《国防部网络战略》两份战略报告，前者阐述了美军网络空间行动的五大支柱，后者明确了网络战力量的使命任务和建设目标。截至 2016 年 10 月底，美军网络任务部队人数已达 5000 人，编制的 133 个网络任务组全部具备初始作战能力，其中近一半具备了完全作战能力。
>
> 特朗普上台后，一直在寻求给网络攻击"松绑"，2018 年 8 月特朗普签署命令，推翻了前总统奥巴马 2012 年签署的"第 20 号总统政策指令"（Presidential Policy Directive 20，PPD-20），《华尔街日报》援引一名政府官员的话称，这项改变是"向进攻性上迈出的一步"，有利于给军事行动提供支持。2019 年 6 月，众多媒体纷纷报道，特朗普下令对伊朗发动网络战。

68. 2015 中国互联网产业峰会上，中国互联网络信息中心 CNNIC 副主任兼副总工程师金健表示，早在两年前联合国预测到 2014 年接入到互联网上的设备会超过地球上人类的数量，那么到现在为止根据统计结果这个预言得到证实。

"想哭"中毒的加油卡自助终端

2017年4月14日，黑客组织"影子经纪人"（Shadow Brokers）公开了包括"永恒之蓝"在内的一大批"方程式组织"使用的极具破坏力的网络攻击工具，利用这些工具，只要联网就可以入侵电脑，就像"想哭"一样造成严重损失。"影子经纪人"曝光的美国国家安全局网络攻击资料还包括：针对浏览器、路由器、手机的网络攻击工具；针对Windows 10的零日漏洞；对全球多家央行和SWIFT系统的入侵记录等。

同年，"维基解密"（WiKiLeaks）公开了代号"穹顶7"（Vault 7）的8761份秘密文件，揭露了美国中央情报局在2013年至2016年间所实施的一系列高度机密的全球性网络入侵活动，内容涉及攻击手法、攻击目标、会议记录、海外行动记录，以及使用的攻击工具和

7亿行源代码。专家估计这还只是中央情报局"网战"黑幕的冰山一角。除了美国国家安全局、中央情报局，美军网军也在开发自己的网络武器。"维基解密"创始人阿桑奇2015年称，美国开发的网络武器多达2000种，是世界上头号网络武器大国。[69]

随着智能时代的到来，互联网和网络战，已经不可避免地走向全面智能化，无论是源头、过程、手段甚至是目的，都越来越倚重计算机软硬件而非人类。美国国防部前首席信息官特里·哈弗森认为，人工智能有望成为辅助美军网络战部队分析决策的关键因素，"目前尚不可能预测每一次攻击，原因是网络威胁的体量和范围太过庞大，人类将不可能依靠自己赶上网络威胁发展的速度。"[70]

另一方面，由于互联网攻击的动态性、复杂性和对抗性，攻防双方的经验和对漏洞的捕捉能力，成为网络攻防对抗中极为重要的制胜要素，而这方面目前的人工智能技术还没有相应的解决之道，因此有专家认为，人工智能技术还远未具备称霸网络战的能力，"互联网之父"温顿·瑟夫就认为，目前人类还不能制造出能够完全识别系统漏洞的程序软件，所以网络安全人员仍是不可缺少的。"不必担心会出现'终结者'式的人造威胁，至少未来20年内不会出现。"[71]

然而民间的网络安全从业人员却并未因此感到乐观，2019年8月在中国召开的第七届互联网大会上，周鸿祎就认为，网络战就发生在当下，且从来都是不宣而战的。现如今，全球100多个国家和地区成立了超过200多支网络作战部队，网络战的对手全部是各个国家成立的网军，上演的网络争锋也都是军事级的技术，国

69.《美国正在打造全球最大网络武器库 引发网络军备竞赛》，人民日报，2019.6。
70、71. 美国"第一防务"网站，2018.2。

第5章 智能行动　231

家之间的对抗，破坏力远非常人所想象。[72]

周鸿祎的担忧不是没有道理的。2018年，全球发生网络攻击事件至少有200万起，我们无从知道其中有多少是民间的多少是军事的，其中有多少是人发起的多少是人工智能发起的，但民间的黑客更多的是以经济利益为目的，或是以个人兴趣为驱使，其组织能力和破坏能力与政治目的驱使的军事组织相比，简直就是小巫见大巫。虽然过去武装力量实施的网络攻击也大量存在，但从未像今天这样地公然将民用设施（电力、金融）作为攻击目标。

2018年4月，谷歌公司与美国国防部合作的"Maven计划"曝光，招致大量员工的联名反对，该计划利用人工智能技术强化美军的信息处理能力，谷歌公司随后宣布将在合同到期后终止与军方的合作。这一事件令人们意识到一个被忽略了的事实：如果说网络战技术更多的掌握在美军手里，但人工智能目前主要掌握在企业手里，智能网络战的杀伤力到底由军队还是企业决定，至少在双方完全合流之前，还很难断定。

Maven 项目主管约翰·沙纳汉

72. http://tech.ifeng.com/a/20190901/45654231_0.shtml。

而在美军网络战的严重威胁之下,也并不是每一个国家或地区都采取了针尖对麦芒的网络战措施,俄罗斯就采取了一种令人惊讶的防范措施:

2019年2月8日,俄罗斯本土媒体RBK发布消息称,俄罗斯正准备进行一次网络安全演练,演练的主要内容是在"遭遇外国攻击"的情况下,通过暂时"切断"网络连接,转而使用俄罗斯主权网络Runet,以确保网络安全的可行方案。此次演练的背景是俄罗斯政府针对美国颁布的《国家安全战略》《国家网络安全战略》等文件,为准备美国将其定义为"对手"之后带来的冲击和挑战,提交了一份法律草案,要求俄罗斯的互联网服务提供商,可以确保自身在隔绝外国网络的情况下,仍然能够在线运作。

2022年春爆发的俄乌冲突中,俄方就采取了断网方式来防止其网络设施受到攻击。究竟是什么原因使得互联网由信息时代的伊甸园,迅速变成人人自危、要断网以自保的修罗战场了呢?

回顾网络战的历史,有助于我们厘清人工智能应用于网络战的未来。互联网技术发轫于美军,美军最初拥有无可争议的技术优势,从未想过为互联网空间的和平利用制定强大屏障,而是热衷于将其转化为军事优势。随着网络信息技术的迅速普及,所有人都跟随"先行者"形成了无底线、无下限的网络文化。

未来的智能网络战乃至军事智能是不是也会重蹈这一覆辙呢?近年来,美军大力发展基于云计算、大数据等技术的智能化网络战系统,其说辞还是熟悉的味道:人工智能技术有助于自动诊断网络入侵来源、己方网络受损程度和数据恢复能力,仿佛将网络战推进到智能化时代，又是一种不得已而为之的纯防御性手段。

山崩地裂工控网

2006年，伊朗高调宣布启动核计划。但两年时间过去，伊朗技术人员始终被看似无足轻重的技术问题所困扰：为什么崭新的离心机，一投入生产就立马会磨损破坏？随着一台台离心机无故报废，伊朗的核计划几乎被"锁死"在原地止步不前。直到2010年，"震网（Stuxnet）"病毒被世人发现。

工业控制网是当今全球经济的命脉，对工业控制网的攻击，不仅将对一个国家的经济基础产生重创，甚至会造成极大的民生灾难。中国工程院院士邬贺铨表示，在2019年7月澳大利亚、美国等国家的一些城市相继出现了大面积断网停电的重大事故，越来越多的事实表明，安全威胁已经从网络空间蔓延到大型制造、电力、交通、医疗等现代社会的命脉行业中，而且这些行业无不关系到国家的稳定和民众的利益。

智能时代，工业控制网是应用人工智能技术提高生产效率的急先锋，与此相对应的，针对工业控制网的智能化攻击手段也层出不穷，相比之下，绝大多数工控系统在设计之初，为了照顾工控系统通信的实时性，大都忽略了协议通信的机密性、可认证性等在当时看起来不必要的附加功能；而传统观念认为工业内网与互联网物理隔离，因而几乎所有的现场总线协议都是明码通信，虽然明码通信方便设备之间交换数据，快速便捷，但这也带来一系列的安全问题，工业控制系统随之成为智能时代赛博攻击的重点目标。

> **知识链接：**
>
> **震网（Stuxnet）病毒**
>
> "震网"病毒被称为史上首个针对真实世界物理基础设施（工业控制网）研发的病毒，也被一些专家定性为全球首个投入实战舞台的"网络战武器"。它具有极强"网络精确打击"能力：它不以刺探情报为己任，也不是通过窃取个人隐私信息进行牟利，而是能根据指令，专门针对工业控制系统进行攻击。震网能够利用Windows系统和西门子系统的多个漏洞进行攻击，定向破坏伊朗离心机等要害目标。
>
> 该病毒无需借助网络连接，用"U盘摆渡"的方式即可进行传播。这种病毒专门破坏世界各国的化工、发电和电力传输企业所使用的核心生产控制电脑软件，并且代替其对工厂其他电脑"发号施令"。"震网"主要有两个功能，一是使伊朗的离心机运行失控，二是掩盖发生故障的情况，"谎报军情"，以"正常运转"记录回传给管理部门，造成决策的误判。
>
> 震网病毒感染了全球超过45000个网络，伊朗遭到的攻击最为严重，60%的个人电脑感染了这种病毒。有专家认为，该病毒是有史以来最高端的"蠕虫"病毒。其结构非常复杂，代码非常精密，它不可能是黑客所为，应该是一个"受国家资助的高级团队研发的结晶"。美国《纽约时报》称，是美国和以色列情报机构合作造出了"震网"病毒。

工控网主流协议

目前主流的工业可编程逻辑控制器（PLC）、分布式控制系统（DCS）、数据采集与监视控制系统（SCADA）以及相关应用软件都存在大量信息安全漏洞，给了智能工控攻击以可乘之机。如西门子（Siemens）、ABB、施耐德（Schneider）、通用电气（GE）、研华科技（Advantech）及罗克韦尔（Rockwell）等工控系统厂商的产品均被发现存在各种信息安全漏洞。对于厂商漏洞而言，西门子占比最多，其他厂商占比大致相同。

智能时代的工控网攻击，其主要特点：一是其极强的针对性，即所谓的"精准打击能力"，它们不以大规模感染为手段，而是以精准感染为主要目的；二是极强的环境适应性，如"震网"病毒，会依据不同环境做出不同反应，在"企业环境"它会寻觅方针 HMI，然后侵略 HMI；在"工业环境"它会感染 HMI，寻觅方针 PLC，然后将恶意代码植入其中；在"运转环境"它会使用 PLC 寻觅某个带特定参数运转的 IED，然后植入代码，进行损坏活动。

2015年12月23日下午，也就是圣诞节的前两天，黑客利用欺骗手段让乌克兰电力公司员工下载了一款恶意软件"黑暗力量"（BlackEnergy）。当天即攻击了约60座变电站，导致乌克兰首都基辅部分地区和乌克兰西部的140万名居民停电，大批民众陷入了极度寒冷和黑暗。黑客不但令电力公司的主控电脑与变电站断连，还令其中的电脑全体瘫痪，并对电力公司的电话通信进行了干扰，导致受到停电影响的居民无法和电力公司进行联系。此次攻击被很多媒体称为有史以来首例得到确认的电力设施攻击行动。

乌克兰电网攻击事件大大触动了美国方面，因为很多专家都认为，乌克兰控制系统的安全水平高于美国境内部分设施，因为其拥有经过明确划分的控制中心业务网络并辅以强大的防火墙方案。但通过对震网病毒和黑暗力量的对比可以发现，美军（如果震网是由美军研制）的攻击能力远远强于俄罗斯民间黑客（如果黑暗力量是由俄罗斯黑客发起），这一方面再次验证了前文指出的，以经济利益或个人兴趣驱动的赛博攻击，其烈度和杀伤力远远不能和基于政治目的的军事行动相比。另一方面

知识链接：

黑暗力量

"黑暗力量"（BlackEnergy）恶意软件据传是由俄罗斯地下黑客组织于2007年开发，其客户端采用了插件方式进行扩展，第三方开发者可以通过增加插件针对攻击目标进行组合，实现更多攻击能力，经过多年发展成为具有一定智能化特点的工控网攻击工具，主要影响电力、军事、通信、政府等基础设施和重要机构。它带有一个构建器（builder）应用程序，可生成感染受害者机器的客户端。同时该工具还配备了服务器脚本，用于构建命令及控制（C&C）服务器。这些脚本也提供了一个接口，攻击者可以通过它控制"僵尸机"。该工具有简单易用的特点，意味着任何人只要能接触到这个工具，就可以利用它来构建自己的"僵尸"网络。

也揭示了当前工业控制网领域"攻强守弱"的严峻现实。

2019年3月7日起，委内瑞拉发生了持续了6天的大规模停电事故，刷新了迄今为止全球最大规模的停电记录。停电的原因是支撑着委内瑞拉国内约超过一半电力的古里水电站突然出现运行问题。委内瑞拉官方认为，本次事故是美国精心策划的"电磁和网络攻击"的结果，并表示"我们成为了一场'电力战争（a power war）'的目标"。而反对派则称是"委政府多年来对电力系统的管理不善"所致。

对此，美国华盛顿大学网络安全研究中心专家卡利乌·李塔鲁说："考虑到美国政府对委内瑞拉局势的长期关注，美国势力已很可能渗透进了委内瑞拉关键的基础设施网络中。委内瑞拉陈旧的网络和电力设施对这种干扰操作毫无抵抗之力。"而现代电磁战技术的进步，可以使得攻击痕迹得以遁形无踪。从委内瑞拉政府宣布拘留两名涉嫌破坏国家电力系统的嫌疑人来看，这次攻击完全可能是反对派直接"注入"攻击代码。而公开支持委内瑞拉政权更迭的美国参议员马可·卢比奥开玩笑说，马杜罗"一定是按错了我从苹果（公司）下载的'电子攻击'应用程序上的按钮"。这似乎是一种调侃，却暗示了电力瘫痪实现的途径。[73]

不管委内瑞拉的史上最大规模停电是不是美国所为，有一点可以肯定的是，美国拥有当今世界最强大的赛博攻击技术。如美国国家安全局（NSA）下属的网络攻击组织"方程式"，就拥有庞大而强悍的攻击武器库。与传统的病毒往往是单兵作战，攻击手段单一，传播途径有限的"小儿科"相比，"方程式"组织完全是军事行动联合作战的思路，它们动用了多种病毒工具协同作

73. https://www.freebuf.com/column/199026.html。

	震网	乌克兰变电站遭受攻击事件
主要攻击目标	伊朗核工业设施	乌克兰电力系统
关联被攻击目标	Foolad Technic Engineering Co（该公司为伊朗工业设施生产自动化系统）	乌克兰最大机场基辅鲍里斯波尔机场
	Behpajooh Co.Eles&Comp.Engineering（开发工业自动化系统）	乌克兰矿业公司
	Neda Industrial group（该公司为工控领域提供自动化服务）	乌克兰铁路运营商
	Control-Gostar Jahed Company（工业自动化服务）	乌克兰国有电力公司UKrenergo
	Kala Electric（该公司是轴浓缩离心机设备主要供应商）	乌克兰TBS电视台
作用目标	上位机(Windows、WinCC)、PLC控制系统、PLC	办公机(Windows)、上位机(Windows)
造成后果	大大延迟了伊朗的核计划	乌克兰伊万诺-弗兰科夫斯克地区大面积停电
核心攻击原理	修改离心机压力参数、修改离心机转子转速参数	通过控制SCADA系统直接下达断电指令
使用漏洞	MS08-067(RPC远程执行漏洞)	未发现
	MS10-046(快捷方式文件解析漏洞)	
	MS10-061(打印机后台程序服务漏洞)	
	MS10-07(内核模式驱动程序漏洞)	
	MS10-092(任务计划程序漏洞)	
	WinCC口令硬编码	
攻击入口	USB摆渡	邮件发送带有恶意代码
	人员植入(猜测)	
前置信息采集和环境预置	可能与DUQU、FLAME相关	采集打击一体
通讯与控制	高密度的加密通信、控制体系	相对比较简单
恶意代码模块情况	庞大严密的模块体系，具有高度的复用性	模块体系，具有复用性
抗分析能力	高密度的本地加密，复杂的调用机制	相对比较简单，易于分析
数字签名	盗用三个主流厂商数字签名	未使用数字签名
攻击成本	超高开发成本	相对较低
	超高维护成本	

伊朗离心机与乌克兰电网比较

战，发动全方位立体进攻，其影响行业包括工业、军事、能源、通信、金融、政府等基础设施和重要机构。引起全球恐慌的"永恒之蓝"就出自其手。

知识链接：

美国国家安全局"方程式"组织的武器库

"方程式"组织病毒在攻击时，首先诱使用户点击某个网站链接，当用户上当点击后，病毒就会被下载到用户计算机或iPhone、iPad等手持设备上。然后，病毒会将自己隐藏到计算机硬盘之中，并将自己的藏身之处设置为不可读，避免被杀毒软件探测到。隐藏起来的病毒就是"方程式"攻击的核心程序——Grayfish，这是一个攻击平台，其他攻击武器都通过该程序展开。它会释放另一些程序以收集用户的密码等信息，发送回Grayfish存储起来。同时，病毒也会通过网络和USB接口传播。病毒修改了计算机和手持设备的驱动程序，一旦探测到有U盘插入，病毒就会自动传染到U盘上，并且同样把自己隐藏起来。当U盘又被插入到另一个网络时，如一个与外界隔离的工业控制网络，病毒就被引入到那个网络，并逐步传遍整个网络。

"方程式"组织武器库中的Double Fantasy是攻击前导组件，它用来确认被攻击目标，如果被攻击的目标"方程式"组织感兴趣，那么就会从远端注入更复杂的其他组件。Double Fantasy会检测13种安全软件，包括瑞星（Rising）和360安全卫士。鉴于360安全卫士和瑞星的用户均在中国，这也进一步验证了中国是"方程式"组织的攻击目标之一。

电磁频谱在燃烧

在互联网已经发展到武装力量介入"网络战"、工业控制网已经成为国家级战略目标的时代,军事领域的电子战向智能化方向演进就显得更加顺理成章了。中国工程院吕跃广院士认为:"传统意义上,电子战是指敌对双方争夺电磁频谱使用和控制权的军事斗争,利用无线通信、雷达、导航、制导、红外、激光等电子设备,进行电子侦察与反侦察、电子干扰与反干扰等活动。电磁频谱战则是电子战的一种更高阶形式,它将频谱域中的应用对抗上升为战场频谱控制,将电子战和频谱管理进行融合提升。"[74]

2010年,老乌鸦协会就提出电磁频谱控制的概念,2012年美参联会在《JP3-13.1联合电子战条令》中提出联合电磁频谱作战(JEMSO)概念,2013年美国空军提出频谱战概念,2014年美国陆军提出网络电磁行动(CEMA),美海军提出电磁机动战(EMMW)概念,2016年美军颁布《JCN3-16联合电磁频谱作战》,2017年美国国防部还发布了《电子战战略》。

中国工程院王沙飞院士认为,未来的电磁频谱战的重要形式是认知电子战(cognitive EW),也就是一个智能的电子战系统,它能够自主感知电磁环境,通过学习和推理,实时改变干扰策略,并评估干扰效果,以达到对威胁目标(已知或未知)的自适应对抗[75]。

2015年12月2日,美国战略与预算评估中心(CSBA)发布了《电波制胜:重拾美国在电磁频谱领域的主宰地位》报告,提出未来电磁频谱作战系统应具有"认知"等能力,应将人工智能技术应用于电磁频谱

---

74. 吕跃广:《"第六度空间"的战斗:电磁频谱战》,科技日报,2017-11-29。
75. 王沙飞:《人工智能与电磁频谱战》,在第十二期钱学森论坛深度研讨会暨首届网信军民融合峰会上的报告,2018.1。

战，一是针对复杂电磁环境下未知威胁和网络化目标侦察识别问题，采用人工智能方法，综合辐射源时、频、空、能等多维信息，提高电子战系统对电磁态势感知和未知威胁快速识别能力等；二是针对对抗新型未知信号和网络化多目标的问题，通过基于机器学习的自主推理，自动形成优化干扰波形和干扰策略，实现现场快速对新型雷达/通信威胁的对抗，以及"多对多"的对抗；三是针对干扰效果在线检测评估的问题，通过人工智能算法，检测威胁目标干扰前后的变化，实时评估干扰效果。借此提升电子对抗观察—判断—决策—行动（OODA）环的自适应能力和智能化水平，并缩短反应时间。

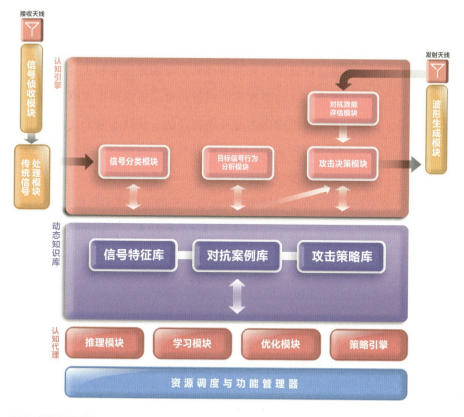

认知电子战结构框架

DARPA于2012年启动的"自适应雷达对抗"（ARC）项目旨在开发能在战术时间尺度内对抗自适应雷达威胁的技术，对象包括波形和信号行为未知、随机的多功能相控阵雷达。这类雷达在波束指向、波束成形、相干处理间隔（CPI）等方面具有灵活变化的特征。项目重点是开发不依赖具体硬件平台的信号分析与特征提取、对抗措施合成、对抗效果评估算法，从而确定未知雷达的功能，评估威胁等级，通过分析威胁特征合成对抗措施，基于威胁信号的变化评价干扰效果。DARPA局长在国会听证会上表示，ARC将"应对新的雷达威胁的时间由过去几个月到一年，缩短至几分钟、几秒钟"，其中人工智能的应用使得电子战的技能得到了极大的提升。

作为该项目的"姊妹篇"，自适应电子战行为学习（BLADE）将机器学习理论应用到通信电子战领域，通过机器学习算法和技术，以快速检测和表征新的无线电威胁，动态性地生成新对策，可以根据观察到的威胁变化提供准确的战斗伤害评估。该技术致力于在战术环境中对抗新的、动态的无线通信威胁，其目标是阻止或拦截新型信息流。

有专家认为，认知电子战的关键技术包括五个方面：一是认知电子战系统平台架构技术。认知电子战需要具备灵活的认知对抗能力，主要体现在未知目标快速检测、智能攻击及策略优化、攻击效果评估、动态知识库管理等相关功能，需要基于软件无线电和理论，采用标准的技术协议规范，通过硬件通用化、功能软件化和软件构件化设计，构建功能可重构的开放式系统架构，保证系统的灵活性和可扩展性。二是基于机器学习的认知侦察技术。通过威胁特征学习和自适应信号处理，获得目标

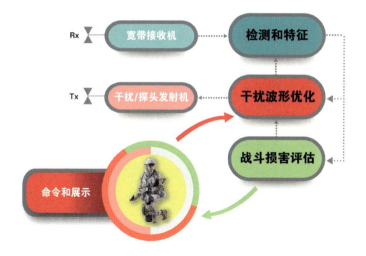

自适应电子战行为学习

信号特征。收集到足够多的未知信号特征后,通过模糊聚类、神经网络等机器学习算法,对目标信号进行分类和识别,从而构建具备实时认知能力的侦察技术。三是智能攻击策略生成技术。根据作战目标的硬件、协议、运作方法、软件、固件的知识,制定最佳电子攻击策略的技术。该技术是一种干扰优化与决策技术,根据感知到的信息,在系统资源、用户需求等约束下,给出最优干扰策略。可采用蚁群优化、神经网络等算法解决非线性干扰资源分配问题,实现高效、稳健的多目标攻击。四是攻击效果评估与动态反馈技术。对当前攻击策略的战损效果进行评估,并将评估结果反馈给系统来判断上一次攻击策略的性能优劣,通过给定奖励值、惩罚值进行优化学习,从而确保系统功能进化。攻击效果评估模型可通过云模型、博弈论、灰色系统理论等进行构建。五是动态知识库技术。包含信号特征库、对抗案例库和攻击策略库,分别以不同形式存储认知侦察、认知干扰和认知效能评估所取得的结果。动态知识库是系统进行学习和推理的基础，通过预先给定的先验知识和动态的积累，为系统各模块功能实现和优化提供依据。[76]

显而易见，认知电子战是高度依赖人工智能的赛博作战行动，技术水平和装备的智能化程度直接决定着作战行动的胜败，因此大力发展人工智能技术就成为毋庸置疑的制胜之道。

指鹿为马反智能

人工智能的一个突出特点，就是很难一项专门对其进行反制的技术，加之其泛在性、渗透性和赋能性，它将成为追求更强智能的军事技术竞赛。但军事技术总是对抗演进、矛盾相长的，人类总是要设法找到人工智能在技术上的"命门"，不妨称其为"反智能技术"。

2017年，华盛顿大学、密西根大学、石溪大学和加利福尼亚大学开发了一个新的算法 Robust Physical Perturbations（RP2），生成一些彩色或者黑白的图案，可以迷惑自动驾驶汽车用于记录和分析道路信息的路标分类器（road sign classifier）。简单地说，就是用这个算法打印一张纸贴在路边，就可以欺骗自动驾驶的人工智能系统了。这跟自动驾驶系统使用图像识别和深度学习算法有关。深度学习算法用来研究、分类这些道路上记录的行人、指示灯、其他车辆。图像识别系统先记录再分类识别，但使用算法来研究这些道路指示牌容易出现问题。研究者在其论文中写道[77]："我们认为，考虑到警告信号的相似性，一些微小的干扰就足以使分类器感到困惑。"即便是不清楚这些分类器具体的分类方式、算法，他们可以根据案例反向研究出一些模型来，仍然

---

76. 周华吉等：《认知电子战系统组成及实现途径探究》，中国电子科学院学报，2017.12。
77. https://arxiv.org/pdf/1707.08945.pdf。

可以迷惑这些自动驾驶系统依赖的路标分类器。

2019年8月，莫斯科国立大学、华为莫斯科研究中心公布了一项研究成果，只需用普通打印机打出一张带有图案的纸条贴在额头上，就能让目前业内性能领先的人脸识别系统Face ID识别出错。研究人员不仅发布了论文，[78]更是直接公开了项目的代码。研究者们在论文中提出了一种全新且易于复现的技术，可以在多种不同的拍摄条件下攻击目前最强的人脸识别系统。想要实现这种攻击并不需要复杂的设备，只需在彩色打印机上打印特定的对抗样本，并将其贴到你的帽子上，而对抗样本的制作采用了全新的算法，可在非平面的条件下保持有效。

对抗样本在军事上的应用案例尚不明确。但将机器学习引入军事系统中，会形成新型漏洞以及以机器学习系统的训练数据为目标的新型网络攻击。由于机器学习系统依靠高质量数据集来训练其算法，因此将所谓的"中毒"数据注入训练集中可能会导致AI系统以不受欢迎

---

78. https://arxiv.org/abs/1908.08705。

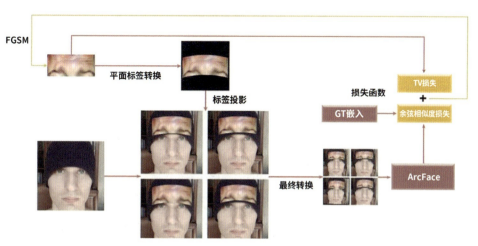

人脸识别算法攻击流程

> 知识链接：

对抗样本

对抗样本（adversarial examples）是一种可以欺骗神经网络、让人工智能识别系统出错的技术，其基本原理是将针对性设计的细微干扰数据输入样本数据集，从而导致模型以高置信度给出一个错误的输出。例如，在熊猫图像上加上针对性的噪点，人工智能就将其识别为长臂猿。

除了图像，声音和文本也会有同样的问题，只要针对性地修改其中的某个片段，对于人类而言可能没什么不同，但人工智能就可能修改成完全不同的语音指令或是文字内容。

 +  =

从熊猫到长臂猿

的方式运行。例如，研究人员已证明，如果敌人有权使用深度神经网络图像分类器的训练数据，则可能接触到分类器以系统方式误分类的数据。我们可以想象，更加极端的数据中毒式攻击会让一个传感器错误地认友为敌或完全意识不到敌人的存在。现有的网络系统就可能存在这样的操纵，随着我们越来越多地使用机器学习，赛博攻击的性质会发生改变。鉴于自主水平在不断上升，赛博攻击的影响力也可能会大大增强。

心理操纵最难防

上兵伐谋，攻心为上，如果能够通过人工智能技术"兵不血刃"而令对方国家经济社会土崩瓦解，甚至通过潜移默化的方式令一国人民"心悦诚服"，这种没有硝烟的战场岂不是比真刀真枪的拼杀更加凶险？

人的心理，特别是社会心理，是国家稳定甚至国家认同的核心，而了解人心和控制人心，过去是两件极为困难的事情,心理学家为此孜孜以求,但却进展缓慢。而在大数据和人工智能技术的作用下,一切似乎都成为可能。

2019年1月7日,就在英国议会再次对脱欧协议进行表决的前夜,英国电视台播出了一部名为《脱欧:无理之战》的电视电影,以真名实地、原景重现的方式,演绎了在2016年英国脱欧公投过程中,公关专家和数据科学家如何用人工智能算法影响选民心理、操弄公投,并实现脱欧派最终逆袭胜利的故事。影片播出后引发巨大争议,使得原本就一波三折的脱欧更加波谲云诡,一些英国人对自己被心理操纵感到愤怒,也有一些人认为这部影片本身就是一个谎言,意在影响次日的表决。

但影片中有一个细节是各方都能够理解的,就是人工智能算法对社会心理的巨大影响力。影片中一个叫"聚合智囊"的人工智能公司,要求脱欧派将超过一半的预算花在网络上,这家公司在社交媒体上共投放了十亿条定向广告,和以往的政治宣传不同的是,这是基于每一个接收者个人数据的智能分析基础上量身定制的宣传品,这种"定向心理干预"成为了脱欧派胜利的法宝。

影片影射的正是现实世界中"剑桥分析事件",这家令全世界大为震惊的公司被曝卷入特朗普大选和英国脱欧,使得Facebook等社交巨头遭到重创,英国剑桥分析公司前员工及爆料人克里斯托弗·韦利在英国议会接受质询曾明确指出:"如果没有我所认为的作弊(行为),那么'脱欧'公投的结果很可能会截然不同。"

想要干预一个人的心理,第一步是必须掌握一个人的心理。其中一个很重要的方法被心理学家们称为"心理测量",传统意义上的心理测量方法,需要耗时数年甚至数十年，对成百上千人进行观测和演算，才能对其设计的心理测量模型的效用进行极为有限的评估，而由于人类心理固有的成长性和适应性，这些心理测量模型也许还没等它投入使用就已经失效了。但这一问题恰恰是人工智能和大数据最擅长的领域，于是短短数年之内，智能算法就广泛应用于用户画像和心理感知。

"剑桥分析事件"中的人工智能算法，就是基于心理测量学家迈克尔·科辛斯基（Michal Kosinski）的心理测量模型，通过人工智能算法，这种个人信息计算模型可以根据简单的个人信息推断出可靠的个性特质。

当人工智能掌握了人的心理之后，下一步就是对其进行欺骗和诱导。2019年，一种名为"deepfake"的人工智能软件走进寻常百姓家。利用该软件，不但可以将色情片主角改成任何人，也可以随意制作一个国家领袖说任何一段话的视频，声音画面的逼真程度，人类绝对无法辨别真假，而做到这一切，只需要一台计算机和一张照片。有人把当今时代称为"后真相时代"，意思是在自媒体和智能技术的泛滥之下，人类已经很难辨别真假，甚至无法分辨现实与虚幻。古人云"谣言止于智者"，但如果制造谣言是智能算法，以其远超人类的智力水平，又有哪个人能够止得住它呢？

由人工智能深度造假的谣言信息，与网络攻击和社交媒体僵尸网络相结合，将会对社会心理造成极大影响。2013年4月23日，黑客控制了美联社的官方推特账户，向该账户的将近200万跟帖者发表了一篇推文，标题为《白宫两次爆炸，巴拉克·奥巴马受伤》。推文发表之后两分钟内，美国股市的市值就下跌了近1360亿美元。

对此我们可以想象，将来会出现一种更具毁灭性的

知识链接：

科辛斯基心理测量模型

迈克尔·科辛斯基（Michal Kosinski）的心理测量模型，平均只需要搜集Facebook上的68个"点赞"信息，就可以预测用户的肤色（准确度95%）、性取向（准确度88%）以及政治倾向（民主党或共和党，准确度85%）。

不断研究和改进后，基于科辛斯基心理测量模型的算法仅仅基于10个点赞，就能让机器比受试者的同事更准确地评价受试者；70个"点赞"足以让他比受试者的朋友更了解受试者；150个点赞可以让他比受试者的父母更了解受试者，只要数据足够多，机器甚至比受试者本人更了解自己。而且这种预测的内容包括智力、宗教信仰，以及酒精、香烟和毒品使用等各个方面，甚至可以推断某人的父母是否离婚。

现象：黑客将控制官方的新闻机构网站或社交媒体账户，不仅用于散播假的文本，还散播假的视频和音频。然后，社交媒体僵尸网络可能用于快速散播假消息，从而影响到很多人。2018 年，美国媒体开始大肆炒作，俄罗斯黑客干预了 2016 美国大选，一系列报告称俄罗斯黑客在通过自媒体平台，利用社交机器人等人工智能技术，针对美国国内"种族问题"等社会裂痕进行"舆论纵火"，还控告俄罗斯黑客用这种手法炮制"性侵案"干预欧洲舆论场等。

而俄罗斯则反驳称，美国才是最善于利用新技术实施心理操纵的国家，伊朗的"推特革命"，突尼斯的"维基革命"，埃及的"脸书革命"，都是美国在背后精心策划组织实施的结果，其典型的三步走策略是：利用新媒体渠道进行内容制作、进行意识形态输出；扶植重点人和组织，培养重点行动骨干；利用或制造舆情热点，借机造势引发政治事件，冲击甚至颠覆政权。

人工智能技术应用于心理操纵，不但使得舆论战手段大大丰富，更是深刻地改变了国际力量对比格局，难怪有专家将人工智能技术称为"弱者的神器"。加之"把关人"制度的消亡，智能时代的舆论战将更加复杂，攻防变化也将更加微妙。

> **知识链接：**
>
> **把关人制度**
>
> 把关人是新闻传播中的一个术语，指内容制作完成后对其进行审查和把关的人或组织（包括内容制作者本人）。把关人是新闻传播中一种非常重要的机制，是确保传播内容真实性、导向性和质量的关键性因素。自媒体时代人人都是把关人，使得这种制度的有效性大为弱化，而随着人工智能技术的应用，把关人被算法取代的景象已经浮现在人们眼前。

5.5 小结

> 赢家，将是那些能很好地利用机器和人类智慧的独特优势的人。
>
> —— 罗伯特·沃克

从陆地到海上、从天空到水下、从实体空间到虚拟空间，人类在几乎所有可以战斗的领域展开军事行动，将所有的智慧倾注于行动之中，而行动也是检验智慧的最高标准。尽管科学家们有时基于自身的好奇心进行创新，但从技术体系的整体而言，其最主要的驱动力还是其对于实践的效用如何，这不是在肯定"需求决定论"，而是在强调"实践检验论"，诚如赵树帧在《新实践论》中提出的问题：我们说实践是检验真理的唯一标准，那么检验实践的标准又是什么呢？就是结果与目标是否一致。

如果战争行动的目标是为了获胜，智能化战争就不会走上漫无边际的科幻之路，陆战、海战、空战和赛博战，虽然其内在规律不同，人机关系不同，但有一点相同的是，这些行动的终极目标都是为了战胜敌人。技术可以有路线之别、指标之争，但作战行动是以胜败论英雄的，从这个角度看，从技术发展的角度去设想未来战争的模样是一回事，但以此为凭勾画战争蓝图却是另一回事，不是技术决定了战争，而是技术影响了战争、战争检验了技术。有鉴于人类迄今为止并未发生过一场真正意义上的"智能作战行动"，本书探讨的内容和观点，极有可能被战争实践所彻底颠覆甚至否定，这也正是军事智能的迷人之处——不确定性。

杨绛先生说：用生活所感去读书，用读书所得去生活。同理推之，对于军事智能而言，写作和阅读这样一本书，是否本身就是一种实践活动呢？对于笔者而言答案是肯定的，但对于更多的人，特别是那些需要走上战场的人而言，情况要复杂得多、难以预料得多。随着作战行动在一个个不同场景展开，需要实践者临机处置、随机应变，所谓的既定程序是没有实际意义的，按部就班的行动者是没有任何智能可言的，不论他运用了多少人工智能技术。

行动对军事智能极为关键，只有更深刻地理解和掌握不同行动场景的内在规律，才能让人工智能发挥真正的效用。有人以为作战行动是可以被穷尽的或者被人工智能所完全计算的，所以机器在作战行动中取代人是必然的，但笔者以为言之过早，毕竟从军事的角度看，作战行动的目的是要让人类成为赢家，而不是让机器统治世界，而从科学发展的趋势看，在一切才刚刚开始、甚至还没有开始的时候，就笃定未来的实践活动"必然"如何，显然不符合科学的基本精神。

就让我们知行合一，且斗且智能。

待续之章
天使与恶魔

> 为了有效的救赎，人类将需要经历一场类似自发的宗教皈依的过程：替换掉机械世界图景，将现在给予机器和电脑的优先地位赋予人，而后者正是生命的最高展现。
>
> —— 刘易斯·芒福德

X.1　恐惧之源

> 只有一种条件下才能设想管理者无需下属、主人不需要奴隶：就是每个（无生命的）工具都能够遵从语言命令，或凭借聪明的预判而进行各自的工作。
>
> —— 亚里士多德

人工智能技术的广泛应用已经开始给人类的生产和生活带来很大的便利，未来的潜力更是有可能带来颠覆性的影响。与此同时，其风险和挑战也正在引起全球范围的担忧，甚至是恐惧。2015年1月，包括著名物理学家霍金在内的全球数百名人工智能专家和企业家签发了一封公开信，警告说，如果不对人工智能技术进行有效限制，"人类将迎来一个黑暗的未来"。有人甚至认为，人工智能对人类构成的威胁超过了核武器。特斯拉公司掌门人马斯克曾把研发人工智能比作"召唤恶魔"，"每个巫师都声称自己可以控制恶魔，但是没有一个最终成功"。关于人工智能武器化的担忧和恐惧，已经成为媒体和社会舆论的热门话题。人们开始关注和探讨，怎样才能构建一个合适的治理机制。已经有许多国际机构和专家提出各种治理的思考和建议。

但是，在考虑具体的风险应对措施之前，我们也需要探究一下，恐惧从何而来？人类是否会因恐惧而陷入

治理误区？行之有效的治理机制应具备哪些特质？

在社会层面，人们对新技术产生恐惧并不鲜见。毕竟，只有极少数亲自参与新技术研究和开发的科学家，才知道其中的细节。有时，甚至技术的开发者都未必能够完全了解其中蕴含的安全风险及其可能给人类带来的巨大伤害。例如，世界知名物理学家费曼是主持美国原子弹研发的科学界领袖，他了解核武器的威力，也很清楚自己在做什么。但是，当他看到美国在日本投下原子弹所产生的惨烈景象时，内心依然无法承受并因此陷入了长期的精神抑郁之中。尽管武器的目的是保卫安全，然而，越是强大的武器，也越能令人心怀恐惧。核武器的恐怖威胁促使罗素和爱因斯坦等科学家于1955年发布了"罗素-爱因斯坦宣言"，掀起了科学界禁核的浪潮。在其后的帕格沃什科学和世界事务会议上，科学家

人工智能会毁灭人类吗

们的辩论和共识大大推动了核裁军的历史进程。现在人类对核武器的巨大伤害已经有了比较清晰的认识，对核武器的限制具有广泛共识和机制化的治理体系，虽然近年在防扩散上出现新的挑战，但基本的国际共识并没有被破坏。

人工智能技术武器化带给人类的安全威胁才初现端倪，而且与人类历史上出现过的其他技术都不相同，目前看人们产生恐惧感主要源自以下两个方面：

不确定性带来对未知的恐惧

目前人类对人工智能的恐惧感多是源自想象，这与核武器有着很大的不同。核武器的威力在研制的时候就已经被清清楚楚地计算出来，而人工智能的能力则是人类智力无法预期的。也就是说，虽然核武器的杀伤力足以毁灭人类，但人类是可以"想出办法"去控制它的。而在控制人工智能方面，人"想"不过机器，所以产生恐惧。人们担心，高级人工智能将成为整个人类社会的梦魇。正如美国亚利桑那州立大学的保罗·沙克瑞恩（Paulo Shakarian）教授所说，"人工智能之所以被一些人贴上危险的标签，就是因为近年来的一些进展，超出了人们的想象，尤其是在专业领域外的人看来。"

人工智能的不确定性主要表现在两个方面，一是"不知道人工智能是如何做到的"，二是"不知道人工智能还能做什么"。

前者源于当前阶段的技术特征，也就是以数据驱动的深度学习为代表的第三波人工智能技术，其"概率统计"上的成分远大于逻辑推理的成分，因此在算法开始利用数据进行训练之前，人类只知道基本的规则和目标，其后就完全依赖于计算机不断地"自我训练"，一旦训练完成，其结果的内在逻辑基本上是没有办法用语言解释给人听的。也就是说，人类无法知晓人工智能为什么能做到，为此，已经有科学家致力于打造"可解释的人工智能"。

但更大的不确定性是，人类对 AI 能力无法预估。2019 年 9 月，美国研发机构 OpenAI 公布了一项研究：没有规则预设、没有先验数据的四个虚拟"智能体"，在简单的红蓝阵营划分后开始自主游戏，经过 2500 万次游戏之后，蓝方自主学会了利用道具跟红方捉迷藏；7500 万次之后红方学会了破障抓捕；5 亿次之后蓝方不但学会了团队作战，甚至学会了构筑防御体系……你永远无法知道人工智能还能做什么，这才是最令人恐惧的不确定性。

人类对未知的事物总是充满了恐惧，这是人类的动物天性所决定的，特别是在人类社会的群体心理模式之下，未知所带来的恐惧感是推动人群做出一致决定的重要因素。1865 年，汽车在英国的面世让人们感到极大的不安，官方就颁布了一部被后人称为《红旗法案》的规则，要求每辆汽车上路行驶时，须由 3 人驾驶，其中一人要在车前 50 米不断摇动红旗，为其开道，汽车行驶速度不能超过每小时 4 英里（约合 6.4 公里）。尽管现在看来这种集体恐惧是荒唐可笑的，但是考虑到当时人们因新技术、新工具所昭示的不确定性而产生的恐惧，该法案的出台是可以理解的。

对战争门槛降低的恐惧

2017 年 7 月，哈佛大学肯尼迪学院贝尔福科学与国际事务中心发布《人工智能与国家安全》报告。报告认为，人工智能技术相比其他军事技术（如核技术）更容易获得，使用的门槛也更低，因此也更容易引发战争。确实，人工智能本质上是一种赋能性技术，一架飞机在其他条件不变的情况下，可能仅仅靠加入一段程序、改变一种算法，就会变得大不一样。就像大猩猩和人类的基因差别可能仅仅是1%左右，但是却产生物种上的巨大差别。每当人们想到如此强大的技术却可以如此轻易地获得，随之而来的就可能是毛骨悚然的恐惧感。诚如美国海军战争学院的丽贝卡·弗里德曼·利斯纳（Rebecca Friedman Lissner）所言："战略家们对新的军事干预形式的出现应该保持警觉，因为这种干预似乎看上去成本和风险更低。例如：自主武器系统和网络武器可以在不危及美国人生命的前提下实施干预；另外，如果无须动用地面部队，总统就可以避开国会和公众的监督发动战争，这实际上给了总统对外干预的更大权力。"她认为，"在这类新型武器上保持的优势，会使得美国更容易产生使用的冲动。"不过，她强调，"冷战后最瞩目的教训就是，美国能做到的事情未必就是**必须做**的。"[78]

回顾军事史上的历次科技创新就会发现，每当某一方通过新技术、新工具获得新的优势，都会引起对手的恐慌，并且促使其着手研制针对性的新技术进行反制，进而陷入你追我赶的交替式技术压制与反压制循环之中。例如，人类发明飞机后很快投入军用，极大地改变了相关国家间军事力量的平衡。为了对抗飞机，人类又发明了雷达，极大地限制了飞机的作战效能。而隐身飞机出现后，天平再次失衡，于是又开始研究反隐身技术……

现在，在我们想象的未来智能战争中，决定战场优势的不再是传统意义上的武器的先进性，而是陆海空天

78. 新美国安全中心：《大战略中的新声音》，2019.4。

一体化系统的完备性及其智能化程度。因此，当智能技术渗透到武器装备，乃至军事力量的方方面面之后，要想寻找一种压制它的新技术，不啻于寻找一项压制整个军事体系的技术。这个难度和人类彻底消灭战争的努力几乎相当。于是留给对抗双方的选项就只剩下一个，就是用更加强大的人工智能来压制相对弱小的人工智能……控制人工智能武器化的努力，最终反而可能加速推动人工智能的军备竞赛。

无论是技术上的不确定还是军事上的不可控，人工智能武器化似乎有足够的理由令人类恐惧，我们会因为一项新技术而陷入所谓的"安全困境"吗？可以找到应对这种新安全挑战的机制吗？

X.2 军控之路

> 人类似乎有这样的倾向,建立一项规则让别人遵守,同时又极力使自己成为例外,不受它的约束。
>
> —— 卢梭

人工智能引发的安全恐惧已经引起世界各国的广泛注意,很多国家和组织已经开始考虑如何构建人工智能的安全治理。2017年,全球行业领袖制定《阿西洛马人工智能原则》,为技术发展制定了"有益于人类"的自律守则。欧盟委员会发布了人工智能道德准则。2019年,经济合作与发展组织(OECD)正式通过了首部人工智能的政府间政策指导方针,确保人工智能的系统设计符合公正、安全、公平和值得信赖的国际标准;二十国集团(G20)也出台了倡导人工智能使用和研发"尊重法律原则、人权和民主价值观"的《G20人工智能原则》;中国国家新一代人工智能治理专业委员会发布的《新一代人工智能治理原则》,提出发展负责任的人工智能。

这些努力为人类安全地发展和应用人工智能技术做出尝试。但还远远不够,特别是在人工智能武器化的问题上,尽管联合国关于"致命性自主武器"特别专家组已经召开了多次会议,世界各国都表现出合作的良好意愿，但距离实现全面禁止致命性自主武器的愿望还很遥远。

即便是在商用领域，上述努力似乎也没有减缓人工智能恶意使用的趋势，在深度伪造（deepfake）技术大行其道的今天，伪造个人音频、视频身份特征乃至手写签名的事件已经导致广泛的担忧。2019年6月，一款名为"DeepNude"的应用程序竟然堂而皇之地入驻各大应用商店，这款软件可以把任意女性照片直接变成裸照。尽管后来软件在一片谴责声中下架了，但在互联网上仍有扩散，其作者也只是在社交媒体上做了个轻描淡写的声明了事。

为什么现实要与良好的愿望背道而驰呢？按照温斯顿·丘吉尔关于核威慑的"恐怖平衡"结论，即和平来自双方对于相互确保摧毁的恐惧，那么或许目前人工智能武器化的治理困局不是由于恐惧，而是由于不够恐惧。总有一些人自以为有能力驾驭魔鬼，却一步步地滑向深渊。

也许可以把未来人工智能治理可能出现的情形称之为"浮士德困境"。《浮士德》中，主人公与魔鬼签订契约：魔鬼答应做浮士德的忠诚仆人，绝对服从浮士德的命令，浮士德可以利用由此而获得的凡人无法企及的能力——魔鬼的法术——去做他想做的任何事。条件是，一旦浮士德说出那句"你真美呀，请停留片刻！"，他的灵魂就归魔鬼所有。这是人鬼之间达成的"一揽子"解决方案。

在人工智能的国际治理，特别是人工智能武器化的治理问题上，如果人类陷入这种只求结果不管过程和代价的"浮士德困境"，结果很难预料，至少可以设想三个方面的危害：

人工智能可能导致军备竞赛

浮士德只要开始运用魔鬼的法力，做了他不该做的事情，他的灵魂就走上了堕落之路。所谓的"只要不越过那条红线"和"只要不说出那句话"，都不足以构成约束。

人工智能的治理也是类似，只要人类开始向可疑的方向发展，由于人工智能自我进化的速度远超人类控制，所谓的"红线"就不再具有实际意义。加之前文所述的被人工智能技术彻底改变的军事技术"拉锯竞争"，恐怖预言的自我实现必然呈现加速态势。

目前对于人工智能治理的讨论还停留在笼统的原则阶段，试图用某种理念给人工智能的恶意使用和武器化制定一条"红线"。这有助于推动达成共识，但要想实现有效治理，则须将规则落实到细节。许多科学家都在呼吁，在一项威力足以颠覆现代人类的新技术还处于初级阶段，然而又是快速发展之际，人类已经没有时间可以挥霍了。我们必须尽快超越原则构想，进入更加细化规范的阶段，致力于构建一个细化的、动态的、完善的治理机制，以此对人类从事人工智能研发的行动制定一个可以操作的监管环境。最重要的是，确保每一次创新、每一个应用都是对人类无恶意的。

脱离理性的治理路径

与魔鬼签订契约给人类带来的最大伤害，不仅在于最终可能将灵魂出卖给魔鬼，而在于在这个过程中会犯下的各种罪恶。

当前人工智能的安全治理上存在的隐患不仅在于人工智能武器化治理的进展迟缓，看待"安全"的方式也存在如何更加客观和理性的问题：凡是"军事应用"的就是坏的，就应该被禁止吗？凡是"商业应用"就是好的，就应该被鼓励吗？单纯从人工智能技术的角度讲，无论它投身于市场抑或战场，都存在如何鼓励善意应用和如何规制恶意应用的问题。如果简单地将人工智能武器化视为"唯一的大恶"，则可能忽略了"更多的小恶"。不论是民用还是军用，当我们试图简单地用分领域的"红线"来设置规范的时候，可能又会面临更大的治理困局：如何处理不同社会文化间的差异？如何跨越多元文明的鸿沟达成治理共识？如果总是空谈原则，在技术层面注定是难以操作的，最终也无人遵守。

2018 年 11 月，约瑟夫·奈撰文指出，人类未来面临的重大挑战，大多将是受到物理规律而非政治规则支配[79]。在人工智能武器化的治理问题上，这个预言可谓切中肯綮。与其相信全人类"伦理一致"还不如寄希望于"理性自觉"，应当致力于构建一个回归技术本质的治理机制。当然社会学对人工智能治理的参与是必不可少的，也是极为关键的，但应当坚持以技术理性的治理为主导，唯有如此才能形成真正可用、好用、管用的治理规则。

丧失治理的可能性

核武器之所以要被控制，很大程度上是因为大家都相信，试图用核战争征服敌人的代价是毁灭自己，对抗双方都将被毁灭。而与魔鬼签订契约的人却认为，人工智能"消灭敌人，奴役自己"的结果是可以接受的，甚至认为在消灭敌人的同时，自己足以从机器治下获得解放。这种想法是天真的，对人类也是不负责任的。

人工智能武器化与以往的军事技术推动军事变革存

---

79. 世界报业辛迪加网站，2018-11-15。

在诸多不同，这就需要我们格外谨慎地处置任何新的现象，仔细甄别，不能陷入经验主义的窠臼，更不能简单地在技术扩散的后端划一道"红线"，就以为万事大吉。人工智能武器化的治理至少应考虑如下重要现象：

<u>技术不再被政府所垄断</u>。历史上很多重大军事技术革新，在初始阶段都掌握在政府或是依托政府的机构手中，比如核武器、互联网，国家可以对技术的军事化应用和技术在产业领域的扩散进行有效规范。但是人工智能技术，至少在当前的这一轮热潮中的表现是很不同的，技术源头不再被政府所垄断。甚至可以夸张一点地说，目前大部分国家的政府和军队更多的是采购商业机构的人工智能产品，而不是掌握着对人工智能武器化治理的主动权。

<u>生产不再依赖工业体系</u>。过去，在军事技术转化为武器装备的过程中，是高度依赖国防科技工业体系的，因此，只要管理好装备的生产制造环节，军备控制就成功了一半。但是人工智能武器对国家工业体系的依赖不大，更多是对人才、数据和资金存在依赖，至少目前在机器学习中是如此。因此，试图通过管制工业体系的模式来治理人工智能武器化，注定事倍功半。然而，如果试图对人才、数据和资金进行大规模监管，势必损害技术发展甚至是经济社会的发展，其代价也过于沉重。

<u>使用不再局限于战场</u>。过去，武器装备大多使用在武装冲突中，使用场景可以被清晰界定，对社会生产生活空间的渗透性很弱。因此，可以对武器装备进行边界清晰的规范化管理。但是，人工智能技术的渗透性非常强，其恶意使用和武器化应用场景很难被明晰界定，这必然导致治理边界的模糊化，"治理红线"可能成为不

断变化的"斑马线",或是漫无边际的"缓冲带",治理结构和规则的刚性随之丧失,最终导致治理模式的瓦解。

X.3 规制之难[80]

> 说起人啊，他的第一次违迕和禁树之果，它那致命的一尝之祸，给世界带来死亡，给我们带来无穷无尽的悲痛，从此丧失伊甸园。
>
> —— 约翰·弥尔顿

当前人工智能的安全治理面临三个现实挑战。一是规则滞后的问题。传统意义上的法律条文，具有一定的滞后性，也就是说问题的出现，总是先于法律条文的制定。在传统社会中，这种现象可看作是一种理所应当的现象，甚至是确保社会关系不至于频繁调整、社会稳定有序运转的必须；在实践中，法律具有一定的前瞻性和稳定性，其所要调节的法律关系，以及面临的司法实践问题，也具有一定程度上的可预见性和趋势性，因此规则滞后在时间上完全可以接受。

而智能化社会中的规则滞后将给治理带来极大隐患，人工智能的基本特性就是高不确定性和高速变化性，映射到社会生活、商业活动或是武装冲突等诸多层面上，必将导致既有规则无法适用、立法速度无法适应的现实挑战，层出不穷、高速变化的实践问题，甚至是不断生发的新问题、新法律关系，极有可能出现法律刚刚寻找到适合人工智能造成的新问题的时候，人工智能已经创

---

80. 郝英好：《在新技术与社会安全学术沙龙上的演讲》，清华大学，2019.10。

造出了更多、更新的法律问题甚至需要调节的法律关系，也即是说法条很有可能一生效就已失效，甚至与现实情况严重背离，从而使得成文法失去了规制对象、案例法失去了先验判据。

由于"法不溯及以往"的基本原则，人工智能领域恶意的研制者和使用者，也有足够的理由、时间和空间躲避法律规制，可见人工智能的治理过程，规则滞后的问题将成为一个关键。必须在确保法治体系的严肃性和稳定性基础上，寻找到更具弹性和适应性的立法技术和司法手段，以应对智能社会的频繁关系调整。

第二是价值评估的问题。从法律的角度讲，任何因违法行为造成的损失，以及由此带来的惩处或是补偿，其前提是必须对所造成的损失进行价值评估：假如一个违法行为造成了一万元的损失，那么对违法主体实施的判罚也应当以一万元为基本量刑标准；如果一个违法行为造成的是损失一条人命，那么惩罚标准和补偿依据就应当是人的生命。

但在人工智能的安全治理挑战中，其直接损失往往体现在信息层面，如何对这类信息的损失进行估值将成为一个非常棘手的问题。如果将间接的经济损失、人身伤害或是隐私名誉等的伤害作为判决依据，也即舍弃了直接损失而选取间接损失作为裁量依据，这在人工智能技术普遍应用的社会条件下，显然不是一种长久之计。而如果选取直接损失，估值难的问题必将引发的一个问题，就是如何对人工智能进行适度规制，既不放大也不缩小其造成的危险，也许这将成为未来人工智能司法实践中，决定法律条文是否具有实际效力甚至是恶法或善法的一个关键判据。

第三是责任划分的问题。人工智能的研发者,生产者销售者和使用者在人工智能治理特别是造成危害之后,该如何划分责任,将是人工智能治理中一个非常重大的挑战。例如所有人都知道洗衣机是用来洗衣服而不是用来洗孩子的,因此如果有人把自己的孩子放进洗衣机,那么洗衣机的生产商或是销售者一定不会因此担责,但如果洗衣机的制造商把洗衣机造的像个儿童浴缸,再在上面画个泡澡的鸭子,那情况可就完全不同了。同理,当一辆汽车在路上发生了车祸,如果没有证据表明车辆存在生产上的缺陷或瑕疵,那么车辆所有者、驾驶者、事故的各有关方面就会依据交通法规来进行责任划分,这些情境中各方所担负的责任都是清楚无异议的。

但人工智能在这方面将会造成很大的挑战,因为人工智能的能力是在使用中不断增加的,换言之,人工智能系统能做什么,会怎么做,并不是在研制之初就确定的,而是通过不断的使用来演进的;当然这种能力又不是完全取决于使用者,能力的基础又来自人工智能的研发者。那么我们如何在人工智能系统造成损失之后合理地划分禁用责任到底应该归于使用者、销售者还是研发者呢。

在对以上三个挑战的讨论中,部分人认为应该对人工智能的工具属性加以调整,改变传统意义上的法律条文中责任归因在"人"(自然人和法人)的基本原则,赋予人工智能一定程度上的法律人格。对这种观点,我们应该旗帜鲜明地予以反对。如果将机器或者算法赋予法律意义上甚至伦理以上的人格,我们不但无法解决人工智能如何治理的问题,反而会开启人类这个物种如何在地球上生存的问题,这个问题已经远远超出了人工智能治理本身,上升到了"人何以为人"的哲学层面,对此应该保持高度警惕，绝不应该用一个更加宏大、大到事关人类物种生存的问题，来替代一个现实中的治理问题。

X.4 治理之道 [81]

> 善良人在追求中纵然迷惘，却终将意识到有一条正途。
>
> —— 歌德

2018年7月，清华人工智能治理项目小组在世界和平论坛[82]上提出了"人工智能六点原则"，为人工智能的综合性治理提供了一个宏观框架。一是福祉原则。人工智能的发展应服务于人类共同福祉和利益，其设计与应用须遵循人类社会基本伦理道德，符合人类的尊严和权利。二是安全原则。人工智能不得伤害人类，要保证人工智能系统的安全性、可适用性与可控性，保护个人隐私，防止数据泄露与滥用。保证人工智能算法的可追溯性与透明性，防止算法歧视。三是共享原则。人工智能创造的经济繁荣应服务于全体人类。构建合理机制，使更多人受益于人工智能技术的发展，享受便利，避免数字鸿沟的出现。四是和平原则。人工智能技术须用于和平目的，致力于提升透明度和建立信任措施，倡导和平利用人工智能，防止开展致命性自主武器军备竞赛。五是法治原则。人工智能技术的运用，应符合《联合国宪章》的宗旨以及各国主权平等、和平解决争端、禁止

---

[81] 傅莹，李睿深：《Principles and Pivots of Artificial Intelligence Governance》，2019.10.

[82] 世界和平论坛（World Peace Forum）由清华大学于2012年创办，迄今已举办8届，是目前中国唯一个由非官方机构组织举办的国际安全高级论坛，旨在为国际战略家和智库领导人提供探讨国际安全问题、寻找建设性解决方法的平台。

使用武力、不干涉内政等现代国际法基本原则。六是合作原则。世界各国应促进人工智能的技术交流和人才交流，在开放的环境下推动和规范技术的提升。提出这六项原则的意图是，为人工智能治理的讨论和机制寻找共识，在2018年底的世界互联网大会上，以及2019年的世界和平大会上，国际上很多学者和企业家都表达了兴趣和重视。有不少机构希望进一步合作研讨。

这六项原则为人工智能治理的讨论和共识构建提供了一种可能。目前企业界已经出现了一些自律的尝试，如在产品程序中加入"禁飞策略"来规范无人机的使用；又或医疗和交通业界通过数据脱敏，既有效保护了个人隐私信息，又有利于形成数据资源利用的良性循环。现在的任务是，如何在国际社会推动这些原则落地，形成更有加务实、更具操作性的治理机制。

国际治理机制不仅意味着共识和规则，也应包括确保规则落地的组织机构和行动能力，甚至要有相关的社会政治和文化环境。清华大学战略与安全研究中心正在与一些国家的学者专家、前政要和企业家一道，对相关问题进行探讨。从现实来看，人工智能国际治理的有效机制至少应包括如下五个关键：

动态的更新能力

人工智能技术的研发和应用都进入快速发展的阶段，对未来的很多应用场景以及安全挑战，目前还有许多不明确之处。因而，对其治理须充分考虑到技术及其应用的变化，建立一种动态开放的、具备自我更新能力的治理机制。

例如，需要向社会提供人工智能"恶意应用"的具体界定和表述，这种表述应该在生产和生活实践中可观测、可区分，在技术上可度量、可标定。更为重要的是，它应当是持续更新的。只有具备动态更新能力的治理机制才能在人工智能技术保持快速发展的情况下发挥作用。

这就意味着，在推进治理的同时，要主动拥抱人工智能技术的不确定性，做好在思维模式上不断调整的准备。爱因斯坦曾说："我们不能用制造问题时的思维来解决问题。"颠覆性创新技术与固有思维之间的冲突与激荡，必将伴随着人工智能治理的全过程。在此情景下的治理机制，也应该对各种思潮和意见的交织和反复具备足够的包容之心和适应能力。这一机制将帮助人类携手应对人工智能层出不穷的新挑战。从这个意义上讲，建立一个能够适应技术不断发展的动态治理机制，也许比直接给出治理的法则更有意义。

技术的源头治理

人工智能的应用，本质上是一项技术的应用，对其治理必须紧紧抓住其技术本质，特别是人工智能的安全治理问题，从源头开始实施治理，更容易取得效果。例如当前大放异彩的主要是深度学习技术，其发关键要素是数据、算法和计算力，于是，我们可以从数据控流、算法审计、计算力管控等方面寻找治理的切入点。

随着人工智能技术的飞速发展，今后可能出现迥然不同的智能技术，例如小样本学习、无监督学习、生成式对抗网络，乃至脑机技术等。不同的技术机理意味着应该不断致力于从技术源头寻找最新、最关键的治理节点和工具，将其纳入治理机制之中，以维护治理的可持续性。

另外技术治理还有一个重要内容，就是在技术底层赋予人工智能"善用"的基因。例如在人工智能武器化的问题上,是否可以像小说家阿西莫夫制定"机器人三原则"那样,从技术底层约束人工智能的行为,将武装冲突法则和国际人道主义法则中的"区分性"原则纳入代码,禁止任何对民用设施的攻击。当然这是一个艰巨的挑战,曾在美国国防部长办公室工作、深度参与自主系统政策制定的保罗·沙瑞尔就认为:"对于今天的机器而言,要达到这些标准(区分性、相称性和避免无谓痛苦)是很难的。能否实现要取决于追求的目标、周围的环境以及未来的技术预测。"[83]

多维的细节刻画

人工智能的国际治理必须构建一种多元参与的治理生态,将所有的利益相关方纳入其中。学者和专家是推动技术发展的主力,政治家是国家决策的主体,民众的消费需求是推动各方前进的关键激励因素。这些群体之间的充分沟通和讨论是人工智能治理的意见基础。企业是技术转化应用的核心,学术组织是行业自律的核心,政府和军队是人工智能安全治理的核心,这些组织之间的沟通是人工智能技术治理机制能够真正落地的关键。

在这个生态中,不同的群体应该从自身视角对人工智能的治理细则进行更加深入的刻画。例如,2019 年 8 月,亨利·基辛格、埃里克·施密特、丹尼尔·胡滕洛赫尔三人联合撰文提出,从人工智能冲击哲学认知的角度看,可能应该禁止智能助理回答哲学类问题,在影响重大的识别活动中强制人类的参与,对人工智能进行"审计",并在其违反人类价值观时进行纠正等。[84]

如果能将来自不同群体治理主张的细则集聚在一起,将形成反映人类多元文化的智慧结晶,对人类共同应对人工智能挑战发挥正本清源的作用。涓涓细流可以

---

[83]. 保罗·沙瑞尔:《无人军队:自主武器与未来战争》,世界知识出版社,2019。
[84]. The Atlantic, 2019. 8.

成海，哲学家们对于真理与现实的担忧与普罗大众对于隐私的恐惧一样重要，只有尽可能细致地刻画人工智能治理的各种细节，迷茫和恐惧才能转变为好奇与希望。

有效的归因机制

在人工智能的国际治理机制中，明晰的概念界定是治理的范畴和起点，技术源头的治理是关键路径，多利益相关方的参与是治理的土壤。归因和归责在整个治理机制发挥着"托底"的作用，如果不能解决"谁负责"的问题，那么，所有的治理努力最终都将毫无意义。

当前人工智能治理的一个重大障碍就是归因难：从人机关系的角度看，是不是在人工智能的应用中，人担负的责任越大，对恶意使用的威慑作用就越大，有效治理的可能性就越大？从社会关系的角度看，在各利益相关方都事先认可人工智能具有"自我进化"可能性的情形下，程序"自我进化"导致的后果，该由谁负责？"谁制造谁负责"，"谁拥有谁负责"，还是"谁使用谁负责"？

从技术的角度看，世界上没有不出故障的机器，如同世上没有完美的人，人工智能发生故障造成财产损失、乃至人员伤亡是迟早会出现的。难道我们真的应该赋予机器以"人格"，让机器承担责任？如果我们让机器承担最后的责任，是否意味着，人类在一定范围内将终审权拱手让给了机器？

场景的合理划分

在人工智能发展成为"通用智能"之前，对其实施治理的有效方式是针对不同场景逐一细分处理。从目前的发展水平看，人工智能的应用场景仍然是有限的。在2019年7月的世界和平论坛上，很多与会学者都认为现在应尽快从某几个具体场景入手，由易到难地积累治理经验，由点及面地实现有效治理。

　　划分场景有助于我们理解人工智能在什么情况下能做什么，这一方面可以避免对人工智能不求甚解的恐惧，另一方面也可以消除对人工智能作用的夸大其词。例如，美国国防部前副部长罗伯特·沃克（Robert O. Work）一直是人工智能武器化的积极倡导者，但是，具体到核武器指挥控制的场景上，他也不得不承认，人工智能不应扩展到核武器，因为可能引发灾难性后果。[85]

　　有效的场景划分，应尽可能贴近实际的物理场景和社会场景，更应该注意数据对于场景的影响。这是因为当前的人工智能技术是高度数据依赖性的，不同的数据可能意味着不同的场景，也就是说，场景至少应该从物理场景、社会场景和数据场景三个维度加以区分。

---

85. Breaking Defense website, 2019. 8.

附录 1　推论索引

推论	章节
推论 1：概念内涵	1.1
推论 2：应用效果	2.1
推论 3：技术与军事	2.1
推论 4：制权之争	2.2
推论 5：战争无人	2.2
推论 6：体系生智	2.3
推论 7：感知本质	3.4
推论 8：指挥艺术	4.1
推论 9：目标困境	5.1
推论 10：海战方程	5.2

附录 2　主要技术概念

概念	章节
图灵与图灵机	1.1
冯·诺伊曼《计算机与人脑》	1.1
强人工智能，弱人工智能	1.1
中文房间	1.1
运算智能，感知智能，认知智能	1.1
符号主义，连接主义，行为主义	1.1
深度学习，决策树	1.2
小样本学习，可解释人工智能	1.2
通用人工智能	1.2
军事智能	2.3
无监督学习，迁移学习，生成式对抗网络	2.3
自动，自主，自治	2.3
网络信息体系	2.3
无人系统	2.3
算法战	2.3
传感器	3.1
微系统	3.1
智能雷达	3.1
军事物联网	3.1

概念	章节
模式识别	3.2
语音识别	3.2
计算机视觉	3.2
边缘计算	3.2
智能情报	3.3
自然语言处理	3.3
知识工程	3.3
人在环中，人在环上，人在环外	4.1
智能规划	4.1
自动推理	4.1
兰彻斯特方程	4.1
数据链	4.1
专家系统	4.2
决策支持系统	4.2
知识图谱，知识工程	4.2
情感计算	4.3
智能体，多智能体系统，计算社会	4.3
群体智能	4.3
蚁群算法，粒子群算法	4.3